建筑与结构整合
设计理论与策略

张思慧 著

中国建筑工业出版社

图书在版编目（CIP）数据

建筑与结构整合设计理论与策略 / 张思慧著.
北京 ：中国建筑工业出版社，2025. 9. -- ISBN 978-7
-112-31340-2
Ⅰ．TU318
中国国家版本馆CIP数据核字第2025YH8377号

责任编辑：唐　旭　高　瞻
责任校对：李美娜

建筑与结构整合
设计理论与策略

张思慧　著

＊

中国建筑工业出版社出版、发行（北京海淀三里河路9号）
各地新华书店、建筑书店经销
北京鸿文瀚海文化传媒有限公司制版
建工社（河北）印刷有限公司印刷

＊

开本：787毫米×1092毫米　1/16　印张：11　字数：250千字
2025年8月第一版　　2025年8月第一次印刷
定价：**50.00**元
ISBN 978-7-112-31340-2
（45363）

版权所有　翻印必究
如有内容及印装质量问题，请与本社读者服务中心联系
电话：(010) 58337283　QQ：2885381756
（地址：北京海淀三里河路9号中国建筑工业出版社604室　邮政编码：100037）

前言

在文艺复兴之前，建筑结构的静力学仅仅是建立在直觉和模型实验基础上的经验规则，但科技革命将其转变为一门真正的科学。18世纪中期，工程师开始利用计算的方式量化结构的力学行为并获得其在技术理性下的"最佳形式"。进而，在专业化的需求下，传统的建造活动逐渐被分化为建筑设计和工程计算两个独立的领域，这一转变曾为人类社会带来非凡的成就。但是，如今这种在技术单一视角下的"一元"的建筑结构观念，已经无法满足跨学科合作以及整一性重建的时代需求。针对这一问题，本书尝试通过建筑与结构双重视域的融合，形成一种可以囊括结构技术与非技术双重属性的理论模型，作为建筑师与工程师的"共同语言"，使双方通过加强彼此领域中"结构"观念的关注和理解，获得对于建筑结构相关问题的完整认知，得以在建筑与结构的边界产生更多创新的可能性。

首先，结合技术哲学的相关理论，归纳了技术单一视角下的两种极端的结构技术倾向，并通过对建筑与结构从整体到分离这一过程的梳理，形成"一元"建筑结构的概念界定。在此基础上探索了"二元"建筑结构的理论模型，并提出一种更加综合的建筑结构解释系统与评价方法。同时，通过对现代主义时期潜在的"二元"建筑结构现象的讨论，表明了"二元"建筑结构先天的合法性。

其次，将建筑结构的"二元性"具体划分为结构与空间、技术与文化两个维度。从建筑内部，分析了结构的技术与空间属性的需求以及两者之间的矛盾性与互补性。在此基础上，通过"一元"与"二元"建筑结构创新性的总结与归纳，提炼出作为空间界定系统的结构创新机制。从建筑外部，以技术哲学的相关理论为依据，对建筑结构的技术与文化的相关性问题展开研究，并从进化的角度将建筑学中技术与文化的关系划分为矛盾、平衡与转换三个阶段，提出通过结构技术与文化的整合，使被"简化"的技术客体再一次获得来自文化情境的补偿。

最后，在理论研究的基础上，将基于溯因推理的"二元"的建筑结构设计路径归纳为理念形成、提出假设、嵌入语境三个部分。同时，结合深圳国际交流学院项目的设计发展过程研究，从具体的操作层面为"二元"建筑结构的整合设计以及结构技术的"再情境化"提供参考。

综上所述，"二元"建筑结构的研究通过对技术哲学相关理论的综合，从建筑与结构的双重视角下，对两者的整一性问题进行了深入的解释和剖析。对建筑师和工程师边界的拓展，以及建筑技术的价值负载问题的研究有一定启发意义。

目　录

CONTENTS

前言

第 1 章 **绪论**	1.1	问题提出	002
		1.1.1　两种极端——工具化与机械化	002
		1.1.2　历史的角度："一元"建筑结构观念的形成	005
		1.1.3　现实的角度："一元"建筑结构的定义与功能反思	012
		1.1.4　时代的需要：整一性的分解与重建	014
	1.2	提出假设——范型重建	016
	1.3	研究动态	017
		1.3.1　建筑结构工程历史对于建筑结构整合问题的相关研究	017
		1.3.2　建筑结构的设计方法以及结构概念与合理性问题的相关研究	018
		1.3.3　建造结构整合问题在设计操作与实践层面的研究	019
	1.4	研究对象："二元"建筑结构的定义与内容	020
		1.4.1　"二元"建筑结构的定义	020
		1.4.2　"二元"建筑结构的内容与解析	020

第 2 章 **"一元"建筑结构体系下的"二元"抗争**	2.1	勒·柯布西耶：从"一元"到"二元"的建筑结构拓展	024
		2.1.1　勒·柯布西耶的"一元"建筑结构主张	024
		2.1.2　多米诺体系潜在的二元性	025
		2.1.3　勒·柯布西耶后期建筑作品中的"二元"建筑结构拓展	027

2.2 弗兰克・劳埃德・赖特：从"一元"到"二元"的建筑结构拓展   033

   2.2.1 弗兰克・劳埃德・赖特的"一元"建筑结构主张   033

   2.2.2 弗兰克・劳埃德・赖特建筑中的"二元"建筑结构拓展   035

2.3 本章小结   038

第 3 章
"二元"建筑结构下的真实性与合理性反思

3.1 "正确建造"观念的形成   042

3.2 "正确建造"与"美观"的相关性与矛盾性   043

   3.2.1 质疑与批判："正确建造"作为"美观"的充分条件   043

   3.2.2 质疑与批判："正确建造"作为"美观"的必要条件   044

3.3 从"正确"地建造到"恰如其分"地建造   047

3.4 真实性和欺骗性的分离   049

   3.4.1 16 ～ 18 世纪中期的建筑真实性与欺骗性   049

   3.4.2 结构真实性与欺骗性   049

   3.4.3 结构真实性的纯化   051

   3.4.4 结构真实性和欺骗性的叠加   052

3.5 本章小结   055

第 4 章
"二元"建筑结构与空间的整合

4.1 结构技术属性   058

   4.1.1 结构的四种特性   058

   4.1.2 结构体系的全局效率与形态   060

   4.1.3 结构构件形态的优化   061

4.2 结构技术的空间属性与技术属性的整合   064

   4.2.1 结构技术与空间在功能层面的整合   064

   4.2.2 结构技术与空间在知觉层面的整合   067

   4.2.3 结构空间属性与技术属性的矛盾性和互补性   069

4.3 从"视觉的创新性"到"空间的创新性"   072

   4.3.1 "一元"建筑结构——视觉的创新性   073

   4.3.2 "二元"建筑结构——空间的创新性   076

4.4 案例研究：瑞士穆劳桥设计中的结构与空间整合 083
  4.4.1 结构与空间的整合 083
  4.4.2 从"功能层面"到"知觉层面"的整合 085
  4.4.3 结构与空间的矛盾性与互补性 086
4.5 本章小结 087

第 5 章
"二元"建筑结构观念中的技术与文化

5.1 技术哲学理论发展——从技术"一元"到技术与文化的"二元"整体 090
  5.1.1 技术工具论：人对技术的单向决定 090
  5.1.2 技术实体论：技术对人的单向决定 091
  5.1.3 批判建构论：技术与人的双向作用 092
5.2 结构技术和文化的双重自主性 094
  5.2.1 技术的自主性：结构技术发展对当代建筑学知识体系的影响 094
  5.2.2 人的自主性：文化对结构技术的影响 097
5.3 结构技术和人文环境的矛盾与整合 099
  5.3.1 结构技术与人文环境的矛盾及其根源 099
  5.3.2 结构技术与文化的转化 104
  5.3.3 新兴技术与文化情境的整合 106
5.4 结构技术和自然环境的矛盾与整合 111
  5.4.1 自然形态的力学模拟 112
  5.4.2 结构与光的同构 115
  5.4.3 结构与大地的同构——漂浮和对话 118
5.5 本章小结 120

第 6 章
"二元"建筑结构的设计操作——以深圳国际交流学院为例

6.1 方法提出："二元"建筑结构的设计路径总结 124
6.2 设计阶段（一）：理念形成——初始条件的提出 126
6.3 设计阶段（二）：提出假设——结构原型的匹配 127
  6.3.1 步骤Ⅰ：概念阶段的结构意向选择 127
  6.3.2 步骤Ⅱ：结构假设对初始条件的逆向作用 128
6.4 设计阶段（三）：嵌入建筑语境——结构原型的拓展 130
  6.4.1 结构秩序与空间秩序的整合 130
  6.4.2 结构单元与空间单元的整合 134

6.4.3　结构构件的细部设计与绿化系统的整合　　136

6.5　本章小结　　139

6.5.1　"二元"建筑结构设计过程分析与总结　　139

6.5.2　实例论证——框架结构体系在"二元"建筑
结构模型下的拓展　　140

**第 7 章
总结与展望**

7.1　总结　　142

7.1.1　问题提出　　142

7.1.2　论证过程　　143

7.1.3　研究发现　　144

7.2　几点补充——"一元"与"二元"的再辩　　147

7.3　研究展望　　148

附录：深圳国际交流学院项目介绍　　149

参考文献　　158

第 **1** 章

绪论

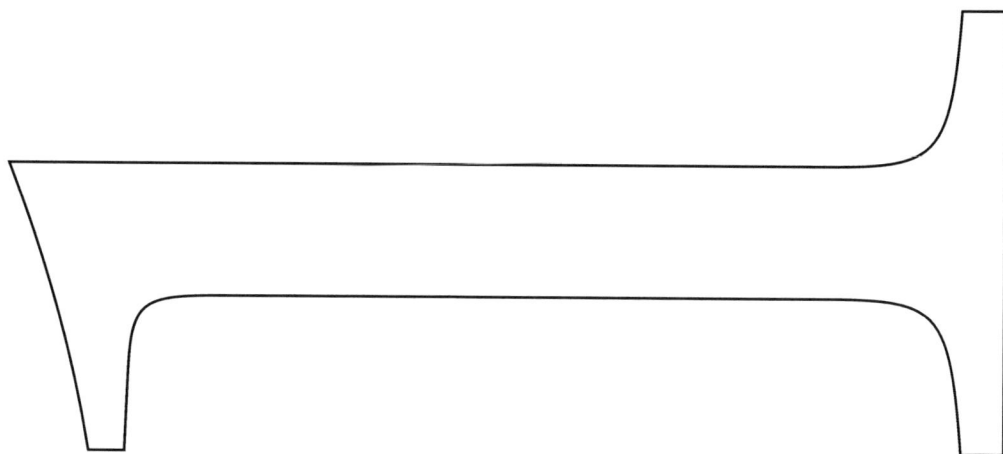

1.1 | 问题提出

1.1.1 两种极端——工具化与机械化

1. 埃菲尔铁塔与自由女神像

美国纽约港自由女神像（Statue of Liberty，1886年）与法国巴黎的埃菲尔铁塔（the Eiffel Tower，1889年），这两座建于同一时期的标志性建筑都是由法国知名设计师亚历山大·古斯塔夫·埃菲尔（Alexandre Gustave Eiffel）主持完成，但不论是建筑形态、材料选用，还是美学感观，二者都大相径庭。自由女神像内部由三角形结构框架支撑，外部覆盖着铜像，结构对建筑的外在形式表达影响很小[1]（图1-1）；而埃菲尔铁塔则是将数学计算得出的结构形态直接呈现在建筑的外观中，通过力学逻辑的转译和客观工程美的展现，使其成为工业化的象征和工程技术的杰作[2]（图1-2）。

图 1-1 纽约港自由女神像
（来源：Félix Candela : Engineer，Builder，Structural Artist）

图 1-2 巴黎的埃菲尔铁塔
（来源：Mainstone R. Developments in Structural Form.）

埃菲尔两个作品之间的差异，恰如其分地反映了一直以来存在于建筑结构观念中的两种极端倾向——结构的"工具化"与"机械化"。其中，自由女神像所代表的是结构的"工具化"倾向。从表面上看，这一倾向仅将结构视为技术性的支撑工具，并通过将结构问题简化为最符合效率和经济要求的固定范式，使其被动地适应建筑的形态和空间需求。与之相对的埃菲尔铁塔所代表的是结构的"机械化"倾向，即通过将结构的力学逻辑转换为具有审美价值的视觉图像，并对其进行视觉层面的夸大，凭借炫技式的视觉效果实现技术成就的颂扬。尽管在大多数情况下，这两种倾向并不会以如此清晰的方式存在，但这种两极化的结构观念及其背后的理论根源并不仅仅指向埃菲尔个人的矛盾与纠结，而是代表了当下普遍存在的结构设计困境。

2. 工具化与机械化的结构观念

1）工具化

工具化来源于技术工具论（Instumentalism of Technology）。在工业革命之后很长一段时间，技术工具理论一直代表着人们理解技术的普遍范式。马丁·海德格尔（Martin Heidegger）曾对这种当时已经通行于世的技术观念作出明确定义①——"技术是合乎目的的手段/工具"以及"技术是人的行为"[3]。这意味着技术是用来服务于使用者目的的"手段"，是"中性的""纯物质的"，是只有使用价值、没有其他价值内涵的工具[4]。

技术哲学家安德鲁·芬伯格（Andrew Feenberg）认为，这种传统的中性技术观念是一种"初级的工具性"，其试图去除技术的"情境"，将技术从所有的情境因素中抽象出来，使其在任何地方都能以相同的方式被使用，并得到同一种结果。同时，人作为操作的主体，可以通过降低技术作业程度的策略，实现劳动成本的控制和生产效率的提升②。这一过程把技术还原为一种功能实现的目标，只留下事物和能力这些最低限度可被控制的东西[4]。其结果是，技术类型只有通过某种抽象功能的方式体现其商品性，美国技术哲学家阿尔伯特·伯格曼（Albert Borgmann）称其为装置范式（Device Paradigm）③，这样的装置使每一机器的功能降低为一种目标-手段[5]。

相应的，工具化的结构观念仅将结构作为一种实现支撑目的的手段。为了实现结构效率和经济性的目标，通过"去情境化"的方式去除一切意向性的内容，仅保留其作为支撑工具的功能性，并通过经验的累积和技术的修正将其发展为一套最方便计算和建造的结构范式。虽然这种结构后合理化的方法在生产效率方面具有优势，但也存在着不可否认的缺陷。具体来看，工具化的结构观念将建筑师和工程师的工作限定在一条预先设定的工作流程中，工程师通常仅在其中发挥着结构计算与尺寸调整等技术"保障"作用。其结果导致工具化的结构在建筑师天马行空的设计想象下失去了大部分的自主性，成为被动的技术手段。另一方面，这一观念压抑了建筑中原本属于结构与建筑整体性的设计潜力，导致设计思维的僵化和对建筑创造力的束缚。

---

① 在《技术的追问》开篇，海德格尔明确定义了这一工具论的技术观，但他所认同的技术观实际上是与之相对的实体论。对于工具性的技术定义，海德格尔承认其正确性，但认为这一定义不具有真实性，无法代表技术的本质。海德格尔对于技术的追问路径从这种朴素的技术的工具论出发，深入到存在的角度讨论技术的工具性问题，提出技术的本质是对世界的"聚集"。

② 在工业革命早期，由弗雷德里克·泰勒（Frederick Taylor）提出的泰勒制，作为一种劳动成本的控制策略，被资本家频繁的使用。[5]唐·伊德.技术哲学导论[M].上海：上海：上海大学出版社，2017.

③ 艾伯特·伯格曼在《技术与当代生活的特质》中通过对壁炉与中央供暖设备的对比提出"聚焦物"与"装置范式"两种"物"的定义，他认为现代技术的核心是一个"装置范式"，人们无需理解技术被招致的方式，只要享受其带来的功能的保障，同时随着技术的进步，这种装置会有一种成为遮蔽的或不在场的倾向。

2）机械化

"机械化"观点来源于法国哲学家吉尔伯特·西蒙顿（Gilbert Simondon）提出的"技术显像（technophanie）"①理论。这个由西蒙顿自造的词汇用来指代技术文化形象的表现或实现，即技术通过某种能够为人感知的方式显示出形象的过程。

这种技术表现的需要来源于技术与文化的对立造成的文化不平衡性[6]。当文化认可某个客体时，即会对事物进行审美，给予这些事物以足够的空间与意义内涵，而将其他一些具体的技术客体驱逐到无意义的、非结构化的世界里，使它们只拥有一个可使用的实用功能[7]。面对这种来自文化的排挤，技术通常会采取两种方式：较为初级的方式是通过隐藏和伪装的方式为技术披上文化的外衣（正如自由女神像的做法），使其在文化的排挤之下求得生存；另一种更为激进的方式则是通过将技术以一种"超定"②的方式呈现出来，使其得以重新"进入到文化的大本营之中"——后者表现为"技术显像"的过程[8]。这一过程关注了审美和感性因素在人们对技术的理解中所起的作用，但也存在着一定的风险。具体来看，"技术显像"意味着技术被从意向性与社会文化环境中剥离，赋予技术客体本身超过审美客体的如神灵般的地位，但容易形成对机器本身的盲目崇拜，从而导向一种盲目乐观的技术决定论和技术至上主义道路[7]。

在工具化的结构观念中，结构被隐藏在文化的外衣之下，作为一种手段或工具而存在。而当工程师，这些"有着技术客体认知知识，并能鉴别其意义的人"③，作为设计主导时，则期待结构技术通过"技术显现"的方式，将结构内在的力学机制物化为能够被人感知的结构形态，进入建筑的"文化大本营"当中。这一过程类似于西蒙顿所提出的"超定"。但是，建筑结构技术的"超定"不仅是通过结构局部构件或节点的夸大使整个技术物件获得"仪式化"的过程，还表现为结构清晰性与技术精确性的夸大，即通过将结构行为的过度表达，以及力流传递路径复杂化的做法，将技术语言转化为具有审美意图的建筑表现手段的方式。正如罗兰·巴特（Roland Barthes）对埃菲尔铁塔的描述，"铁塔所有细节，如钢板、工字钢架和铆钉，夸张地结合在一起构成铁塔，人们对于看到这种完全垂直的形式竟然是由无数交叉的、叠压的和散射的构件组成感到惊讶，这是一种与表面状况相反的真实状况还原的过程，即借助于对感知的简单放大而进行的某种识辨真相的过程……"[9]

可以看出，这种为了艺术表现而夸大结构的倾向如果被控制在适当的范围内，可以使技术美学在一定程度上获得感性的理解。然而，建筑结构并不是独立的技术表达，而是构成整个建筑系统的组成部分。如果这种力流越来越分散、结构越来越轻盈的状态呈现出过度的装饰性的特征，则会"由于对结构过分开放的表现意愿而造成了幼稚不成熟的、过了

---

① 技术显像（technophanie）一词由"技术（techno-）"和"显现（-phanie）"两个词根组成，仿照"神明显灵（theophanie）"。

② 指通过夸大事物的一个组成部分，使其成为整个技术物件的象征。西蒙顿将这种技术物件上提喻法定义为"超定"。

③ 西蒙顿认为技术与艺术之美不同，能够将技术图式中的形象结构与基础性质相结合的、接受过恰当的技术教育的人们，才能对其审美进行把握。

头的强化效果"[10]（图1-3），或导致结构与建筑的真正目标——外部形态和内部空间的
需求发生冲突（图1-4）。

图 1-3　结构的机械化倾向
（来源：archdaily）

图 1-4　结构的工具化倾向
（来源：archdaily）

从表面上看，结构的"工具化"与"机械化"呈现出两种相反的倾向，前者通过对
结构进行功能性的还原，将结构当作不具备价值内涵的支撑手段；后者通过技术性的夸
大，将结构视为技术至上主义的象征物。事实上，从技术哲学层面的讨论中可以看出，尽
管这两种观念的差异在视觉上表现为结构的隐匿与显现、简化与复杂两极化的现象，但在
本质上都指向一种脱离了意向性与社会文化语境的单一技术维度的建筑结构观念——"一
元"的建筑结构观念（图1-5）。另外，在大多数情况下，"工具化"的结构代表着一种建

筑优先的观念，较多出现于建筑师主导的项
目中；"机械化"的结构代表着结构优先的观
念，较多出现于结构工程师主导的项目中。
构成两种倾向的一个共性是，其都是在建筑
或结构的单一视域内理解结构问题，而逐渐
失去了对于建筑结构的完整把握。这种视域
的局限性构成了"工具化"与"机械化"的
同一性。

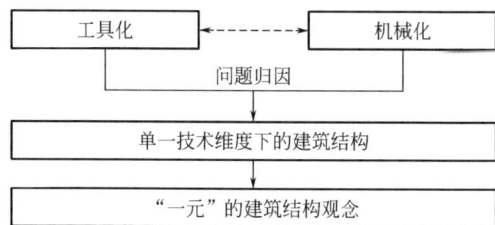

图 1-5　工具性与机械性的共同根源

1.1.2　历史的角度："一元"建筑结构观念的形成

罗兰·J. 梅德斯通（Rowland J. Mainstone）在研究建筑结构历史时特意将"结
构"一词从标题中去掉，他认为"很难将过去几个世纪的结构发展与我们现在所说的'建
筑'的发明区分开来，而且在当时也不可能进行这样的划分"[11]。事实上，"结构"并不
是一个天命所授的独立范畴，在19世纪以前"结构"还未成为建筑支撑系统的代名词，
也没有形成对建筑支撑系统的单独讨论[12]。从字面意义上看，希腊词"architektura"

实际上可能涵盖了我们现在所称的工程与建筑。由于拉丁语中没有合适的对应词汇，维特鲁威直接采用了希腊语的"architecti"。将希腊思想转化为拉丁语存在一定难度，而再将拉丁文著作翻译成现代欧洲语言时，进一步加剧了概念的混淆。这表明在维特鲁威时代，建筑师和结构师尚未分化，间接证明了当时"结构"这一独立范畴尚未出现。

在《建筑师与工程师》(*Architect and Engineer : A Study in Sibling Rivalry*)一书中，圣·安德鲁（Saint Andrew）撰写了500多页细致的历史研究报告，将建筑师和工程师关系的发展划分为三个阶段[13]。他指出，从1400年到1750年，建筑师和工程师之间没有明显区别。这两个头衔主要依据项目类型、相关的等级制度，以及不同的机构而定，但这种区别并未反映在不同的施工技术或设计能力等方面。从1750年到1900年，开始正式出现职业分化①。19世纪，由于新型建筑需求、新材料的使用，以及计算科学的基础出现，最终导致了专业化分工[15]（图1-6）。通过建筑师与结构师合作关系的变化，可以大致推断出结构观念转变的时间节点。

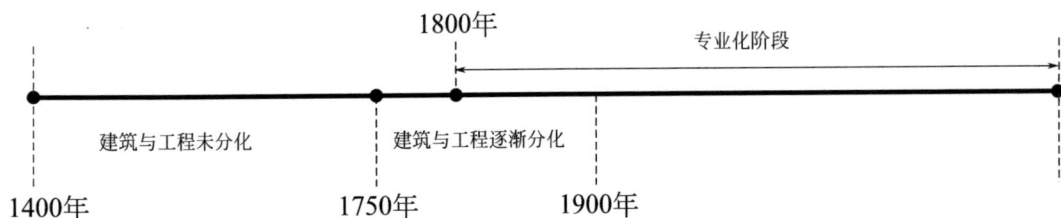

图1-6 建筑师与工程师发展阶段划分

既然结构与建筑之间没有先天的划分，那么"作为一种与建筑割裂的工程产物"，不应被视为唯一合法的结构观念。具体来说，这种被视为技术产物的"一元建筑结构"观念只是特定时代背景下，由于经济和工程技术发展的需要，导致社会对科学理性的过度重视。最终，在结构被科学不断诠释的过程中，传统建筑结构中的非理性表达或装饰性的内容被祛魅，逐渐成为工程技术领域的产物，进而由于经济效益和技术效率的普遍化和放大，演变为一种工具化和机械化的结构观念。

1. 初始状态: 结构与建筑作为整体

"建筑不管怎样不可能去掉起源和直觉"[16]。

——阿尔伯托·佩雷兹-戈麦兹

在传统建筑中，结构不仅是支撑工具，而且与空间和表达紧密相联。在许多历史时期，建筑的形式逻辑完全由结构系统决定，结构元素不仅具有技术功能，还承担着抽象和表达的角色。这在古埃及、古希腊、古罗马等时期以及哥特式和文艺复兴时期的建筑中都有明显体现[17]。

---

① 希格弗莱德·吉迪恩（Sigfried Giedion）认为由建筑师贝兰芝（Bellange）与工程师布朗纳（Brunet）于1811年协力建造的巴黎谷仓屋顶结构改造工程，是建筑师与结构工程师职业分化的最早建筑之一。[14]吉迪恩S.空间·时间·建筑：一个新传统的成长[M].武汉：华中科技大学出版社，2014：132.

　　古埃及和古希腊的神庙展现出清晰的概念和雕塑般的形态，这些形态不仅是体积的展示，而且是结构的具体表达。例如，塞加拉综合体的基本结构是对埃及宇宙观的象征，通过不朽的实体和正交组织的应用，传达出"永恒"的正确性。希腊建筑的比例、尺寸和精致的形式都与梁、柱等结构元素的表达紧密相关（图1-7、图1-8）。维奥莱·勒·杜克（Viollet-le-Duc）在马克·安东尼·洛吉耶（Marc-Antoine Laugier）[①]的基础上提出"希腊建筑物的结构和外观在本质上是统一的，不可能除掉此柱式中的任何部分，而不破坏纪念建筑本身"[19]。同时这种"希腊神庙的正交结构体系还可以解释成人类组织能力的象征，使横梁式结构显现出一种关于承载与被承载的活的力量"[20]。例如，在雅典娜神庙中，比例和细部设计共同创造出一种独特的竖向力量，这种力量在檐口和柱顶连接处达到高潮，并通过柱子的向内倾斜得到强调。尽管一些理论家认为希腊神庙的围柱廊形式过于呆板，限制了空间发展的灵活性，但其在结构方面确是无上典范[18]。

图1-7　帕提农神庙正立面
（来源：汉诺-沃尔特·克鲁大特《建筑埋论史》）

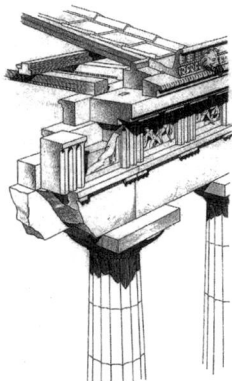

图1-8　维奥莱·勒·杜克对希腊柱式的图解
（来源：菲尔·赫恩《塑成建筑的思想》）

　　与古埃及和古希腊建筑的雕塑性不同，古罗马建筑以其空间性著称。其设计目标是通过赋予空间连续性和韵律感，创造出一种动态的秩序，使建筑空间成为"丰富、动态并具有秩序的舞台"，这一时期的工匠通常将结构和空间视为一个整体来设计[20]。罗马浴场的结构不仅影响建筑的外部造型，还与建筑的空间秩序密切相关[②]。交叉拱上方的巨大穹顶，使得古罗马时期的结构与空间在宗教建筑中得到了进一步的发展。通常采用双层壳体划分空间功能，并形成特殊的室内光环境，以表达宗教的精神空间[22]。

　　例如，君士坦丁堡的圣索菲亚大教堂（Holy Wisdom，Sancta Sophia）通过结合

---

　　① 　马克·安托万·洛吉耶认为，"柱式中的部件就是建筑物的组件，所以它们必须按照不仅装饰建筑而且组成建筑这样的一种方式来使用。因此，如果移去单独的组件，整个建筑就会倒塌。"[18]菲尔·赫恩.塑成建筑的思想[M].北京：中国建筑工业出版社，2006：197.

　　② 　皮埃尔·奈尔维曾问道，是十字拱和交错墙的结构发明和使用推动了罗马浴场的设计方案，还是对超大室内空间的需求和向往激发了十字交叉拱结构的发明？对于这一问题，很难给出明确的答案，但这一问题的提出从侧面印证了罗马建筑的结构成就与空间的关联性。[21]奈尔维 P.L.建筑的艺术与技术[M].北京：中国建筑工业出版社，1981.

集中式和纵向式结构，形成了明确的穹顶体系。结构的自然分区也实现了功能分区，并结合光线和精美装饰，营造出极具感染力和神圣感的室内氛围。从结构上看，教堂的中心区域呈方形，覆盖着跨度达30米的砖砌穹顶，由四个大型拱结构支撑，这些拱结构也起到剪力墙或拱壁的作用。穹顶的推力通过两个半穹顶纵向分散，最终传递到下方的小型穹顶、十字拱顶、拱桥和柱子上，并最终落在基础上（图1-9）。整个建筑采用内外双层壳体结构，并与室内功能需求相呼应：大尺度的穹顶形成了中殿和圣坛，供牧师和皇室使用；小型穹顶则划分出次要空间，如侧廊和通廊，供服务人员使用。结构布局与室内空间效果紧密相联，教堂边缘由支撑壳体形成的外廊创造出一圈明亮的空间层，环绕在主体空间周围，极大地丰富了室内的空间层次。中心区域通过在主穹顶基部设置光带，将结构的核心区域转变为空间的主角，使得室内的光线、色彩和空间轮廓被穹顶的自然光线所唤醒（图1-10）。

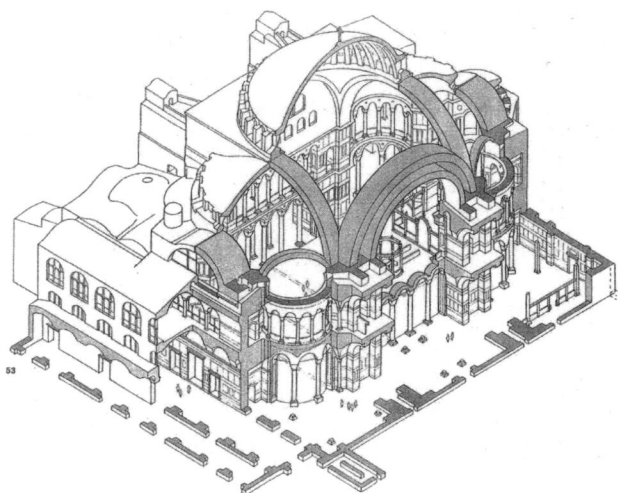

图 1-9　圣索菲亚大教堂结构轴测
（来源：Addis B. Building《3000 years of design engineering and construction》）

图 1-10　圣索菲亚大教堂室内
（来源：Addis B. Building《3000 years of design engineering and construction》）

哥特式建筑介于古希腊和古罗马的情形之间，既像古希腊建筑那样和形式相关，也像古罗马建筑那样与空间相关[18]。哥特式教堂摒弃了古罗马建筑中大量使用的厚重石材，改用细肋结构，通过推力和反推力的相互抵消来实现力的平衡，这一做法被奈尔维誉为现代技术的真正先驱[21]（图1-11）。哥特式建筑的结构发展初期是为了改善空间光线，随着对角肋的出现，其空间单元逐渐失去独立性。具体来看，通过将所有的肋从屋顶延伸到地面，并以竖井的形式与墙体和桥墩贴合成整体，然后逐步将这些墙和桥墩转化成一个满是玻璃、拱、柱、飞扶壁组成的"非物质化表皮下的巨大穹顶"（图1-12）。由此，哥特式建筑"形成一个完整的结构系统，结构、建造和审美表达在一百多年的历史中，都是难以区分的"[23]。

图 1-11 哥特式建筑由于重力引起的负载传递路径

（来源：Addis B. Building《3000 years of design engineering and construction》）

图 1-12 剑桥王学院教堂

（来源：Addis B. Building《3000 years of design engineering and construction》）

  不同于哥特时期对垂直性和结构统一性的追求，文艺复兴时期虽然"明显表现出对古典精神的回归"，但更多受到当时理想的普遍比例理论的影响（图1-13），倾向于一种清晰的几何秩序和"古典建筑中作为具体容器的空间概念"[24]。作为这一时期最具代表性的建筑师，帕拉第奥通过对古典罗马建筑中实体与中空空间的配置，结合适当的古典细节处理，使空间应用更加合理（图1-14）。因此，与古典建筑不同，文艺复兴时期的结构表达更侧重于美学和象征意义上的抽象几何关系，即强调"看起来稳固"的结构，而不是对真实结构的直接表达[25]。这一时期建筑物的柱墩和半露柱都没有布置在从结构角度看特别重要的位置上[17]。文艺复兴时期的结构元素仍然是建筑表达的重要组成部分，与建筑的

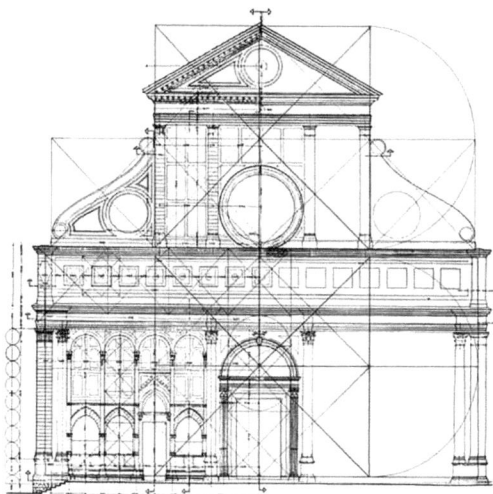

图 1-13 阿尔伯蒂佛罗伦萨新圣母教堂立面比例关系

（来源：帕拉第奥《建筑四书》）

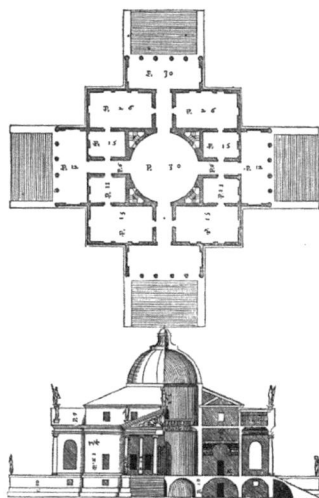

图 1-14 帕拉第奥圆厅别墅

（来源：彼得·默里《意大利文艺复兴建筑》）

形态和空间紧密相联。

综上所述，在西方建筑的古典时期、哥特时期、文艺复兴时期，建筑与结构始终是一个整体。区别只是在于古希腊时期更注重建筑形体的表达，结构与建筑形态的关系更为紧密；古罗马时期，建筑室内空间更为重要，这一时期结构与空间被当成同一个对象来构思，两者之间的整体性更为突出；文艺复兴时期，最关注的是建筑的比例和尺度及相关的形体组织，在这种规则的控制下，结构也成为构图要素的一部分，结构的表达并不像古典建筑中那样有着真实和清晰的层级关系。

2. 发展状态：结构作为独立范畴

17世纪初，近代科学之父伽利略（Galileo Galilei）引领的技术创新，推动了建筑技术和观念的变革。随着工程学的进一步发展，结构开始被计算和度量，建筑的坚固性得以量化，力学逻辑的科学性越来越受到重视[26]。这些转变给建筑领域带来了新的启示，建筑师开始尝试用科学理性的方式来表达建筑。在18世纪后半叶，法国建筑和结构的发展，使得描述和分析独立于建造传统和假定的"稳固"观念之外的支撑系统成为可能。也就是说，结构开始被独立于实际建筑物之外进行思考和设计。另外，结构①这一概念的形成主要与19世纪中期法国建筑理论家维奥莱·勒·杜克有关，通过他的推广，"结构"这一概念被普及[12]。在这两方面的共同影响下，"结构"逐渐作为一个独立范畴存在。自此，建筑的支撑系统等问题开始得到更多关注，结构作为一个独立的系统被讨论和表达[12]。

值得强调的是，杜克对"结构"作为独立系统的推广和普及是强调结构理性对于建筑审美表达的重要性及结构对内在秩序的影响②，并没有否定结构与其他部分的关联[27]。他认为，"不论最后如何对这些基本的结构形式进行精加工和装饰，建筑形式的本质仍然是结构形式"[19]。也就是说，虽然18世纪的专业分化使得结构开始作为一个单独的范畴存在和讨论，但在这一时期以维奥莱·勒·杜克为核心的法国结构理性主义建筑师并没有将建筑与结构的思考分开③，而是认为建筑的本质是结构的形式，并通过对新技术、新材料的应用探索新的建筑创造[28]。

然而，随着科学技术的发展及后期建筑和工程的专业分化，结构的科学化得到进一步关注，最终结构工程成为独立于建筑的另一个学科。虽然结构理性主义建筑师尝试促成技术与表达的平衡，但结构作为单独范畴被讨论和表达的观念的形成，不可避免地成为结构和建筑分化的前奏。

---

① "结构"一词是18世纪晚期从博物学的隐喻中创造出来的，在19世纪中期以后相当长的一段时间，在英语中，结构泛指建筑物的整体。"结构"是指建筑物的支撑系统，有别于建筑物的其他要素，如装饰、饰面或设备。

② 维奥莱·勒·杜克认为，"尽管依据理性的结构不一定是美的，但是如果一座建筑没有理性的结构，它就不可能是美的"。

③ 不同于奥古斯丁·佩雷框架结构对工程成果的借鉴，维奥莱·勒·杜克的一系列结构设计探索都不曾通过工程的方法进行检验，虽然造成了一些结构构想与实际效果的差异，但由此可以看出当时他对于建筑与结构的理解仍然建立在整体的基础上。

3. 完成状态: 结构作为支撑工具

工业革命期间出现的新技术和新材料, 使一系列新的结构方案成为可能。这个阶段的专业化进程, 彻底将传统建筑师划分为建筑师和工程师两个独立的职业。同时对效率和经济性的追求, 使得结构逐渐脱离了传统的建筑表达和美学系统, 成为更为纯粹的技术系统。

多米诺结构是一种基于框架结构的"技术化"结构类型, 由勒·柯布西耶和瑞士工程师迈克斯·杜布瓦 (Max du Bois) 共同提出。尽管这是柯布西耶对埃内比克框架的新阐释[29], 但与后者不同的是多米诺体系没有使用隔撑或梁, 楼板和柱子完全独立, 呈现出一种纯粹的结构理念[30]。另外作为奥古斯特·佩雷的助手, 勒·柯布西耶的多米诺体系深受佩雷体系的影响[13]; 但与前者不同的是, 多米诺体系中墙的结构和围护功能是分离的, 建筑物的重量是由框架来承担的[31]。在这一体系中, 外墙实际上成为一种可以根据需要开洞的膜, 而内部隔墙则可以根据功能需要自由设置。相比工程师设计的框架结构, 柯布西耶的多米诺体系更接近于一种净化后的结构示意图, 柱子、楼板和屋顶都成为一种纯粹、理想化的形式表达[32]。

奥古斯特·佩雷的框架结构被视为新技术与古典建筑之间的桥梁[30](图1-15), 而多米诺体系则是由技术价值支撑的、由框架结构形成的风格化构图, 几乎不再涉及情感价值和文化意义 (图1-16)。于是, 在这一体系下, 建筑开始被视为技术和美学两个独立的系统。

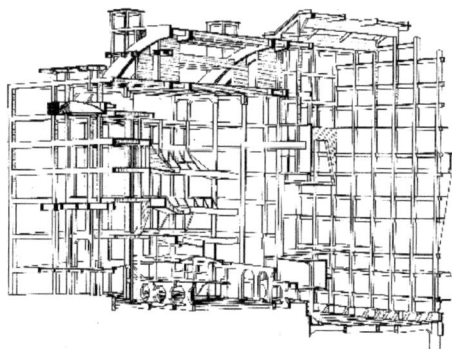

图 1-15　香榭丽舍剧院
(来源: Pevsner N.《The sources of modern architecture and design》)

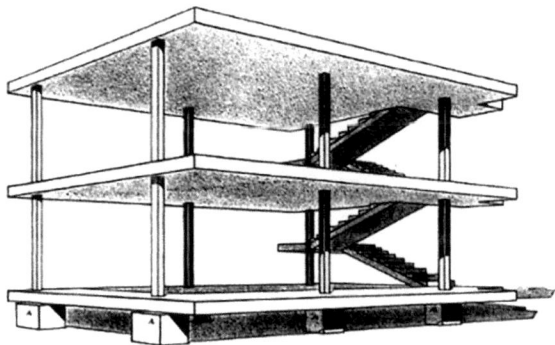

图 1-16　多米诺体系
(来源: 威廉J·R·柯蒂斯《20世纪世界建筑史》)

在多米诺体系中, 结构系统被简化为客观的技术对象, 而美学系统则成为一种抽象的、形式化的组成, 包括自由的平面、立面及表面纹理和颜色的运用[33]。结构设计在特定范式下进行尺度调整, 空间设计则在骨架结构系统下展开。虽然这种建筑的支撑构件突破了文艺复兴建筑的装饰性, 重新成为影响建筑语汇和空间机制的范式, 但却失去了此前建造技术与情感之间的关联。

工具化的"一元"建筑结构, 优化了结构技术属性、提升了生产效率, 但也不可避免地导致了结构美学的损伤。如前所述，建筑与结构的配合逐渐趋向一种"后合理化"的方式，大部分情况下的结构设计，只是特定结构范式之下对于结构尺寸和节点形态的计算。正如瑞士结构工程师约格·康策特所说："框架结构的出现契合了结构工程师和建筑师专业分化的目标，其尽可能地减少两个专业之间的交集，并且通过避开可能存在的问题形成了一套无缝衔接的工作流程"[36]。尽管这种结构形式在一定程度上影响了建筑的空间和形态，但在建筑设计的概念层面几乎没有参与度。建筑与结构之间时常是一种相互矛盾的对立关系，或者是结构对于特定建筑形态的被动配合[35]。

1.1.3　现实的角度："一元"建筑结构的定义与功能反思

今天，我们似乎普遍认为建筑的概念生成与空间的构成都与结构无关，建筑师常常将工程师视为纯粹的提供计算工具的技术人员，将结构视为一种能够实现建筑概念并使其可建造的手段。虽然作为一种已被业界普遍接受的观念具有其存在理由，但这种工具化的结构定义在现实的角度是否具有合法性，并囊括结构的所有可能性，仍然是值得反思的问题。

现代工程师丹尼尔·斯科台克（Daniel Schodek）提出了一种对结构的抽象定义："结构是由各种构件组成的具有某些特征的实体，其整体特征决定了各个组成部分之间的关系"[37]。此外，定义结构时不能忽视其功能的描述，也就是说，这种抽象的物质定义需要功能的描述作为基础。安格斯·麦克唐纳（Macdonald A. J.）认为，"结构的功能是提供防止建筑物倒塌所需的强度和刚度"。这种定义显然仅从物理角度出发，未涉及外观和美学方面，是我们现在普遍接受的关于结构功能的基本要求。

然而，从建筑整体的角度重新审视这一问题时，无论是历史还是当前的建筑实践，都显示结构承载能力只是设计的基础任务之一。结构不仅仅只承担建筑的承载功能。在传统建筑中，结构、空间和表达之间有着密切的关系，仅从承载能力来定义结构是不够的。而且，结构与其他建筑要素之间的界限常常模糊，难以明确区分，这进一步强调了建筑与结构的整体性。虽然框架结构比较容易被识别和定义为一种独立的结构类型，但穹顶结构和墙结构则不那么容易被清晰地界定，例如，穹顶结构的屋顶部分通常被视为完整的格式塔图形，其定义显然是复杂的。同时，穹顶和支撑穹顶的墙体也兼具围合空间的功能，难以形成明确的结构识别。在这种情况下，结构被赋予了多种功能，空间的物理功能和支撑功能往往由同一个物体实现，参与复杂的物理和空间关系[38]。

建筑师克里斯蒂安·克雷兹（Christian Kerez）设计的瑞士苏黎世"一墙宅"（House with One Wall）是一个典型例子。在这个建筑中，折叠的分割墙既是主要的结构元素，也是空间分隔的关键。从空间角度来看，折叠墙体限定了两个独立的房间，其形态在每个公寓中是相反的，形成不同的房间布局。其中一个房间完全开敞，另一个房间则利用折叠墙的形式逻辑划分出不同的区域，包括一个封闭的浴室空间，在有限的用地条件下实现了空间最大化利用[39]。从结构角度来看，折叠墙体增加了建筑的稳定性。由于三层折叠墙以不同角度交错，顶层分割墙通过分段悬挑的形式将荷载传递到顶层墙体与地面层墙体的交接处，再通过局部施加预应力的方式，将荷载分层传递至地面[40]（图1-17）。在一些小型建筑中，结构甚至与家具之间也存在类似的整合设计，例如在手塚建筑研究所（Tezuka Architects）设计的树屋幼稚园（Ring Around a Tree Kindergarten）中，结构与家具一体化。其细密的结构柱尺寸仅为3厘米见方，与桌腿的尺度相同，由钢板制成的屋面纤薄，接近家具的尺度，同时兼作水平刚性构件[41]（图1-18）。综上所述，结构元素与建筑空间之间可以存在整体关系，结构可以作为空间的组织者或表达手段发挥重要作用。

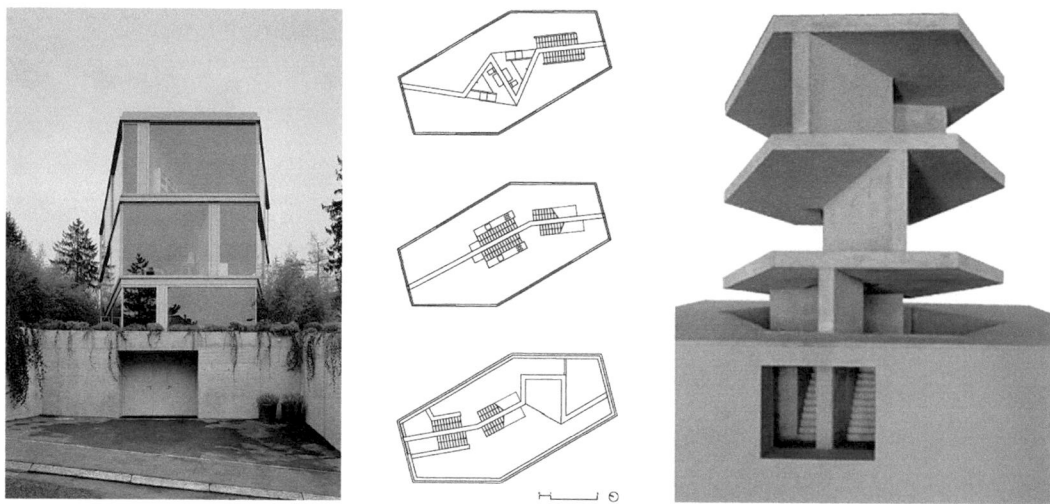

图 1-17　一墙宅
（来源：El Croquis 145）

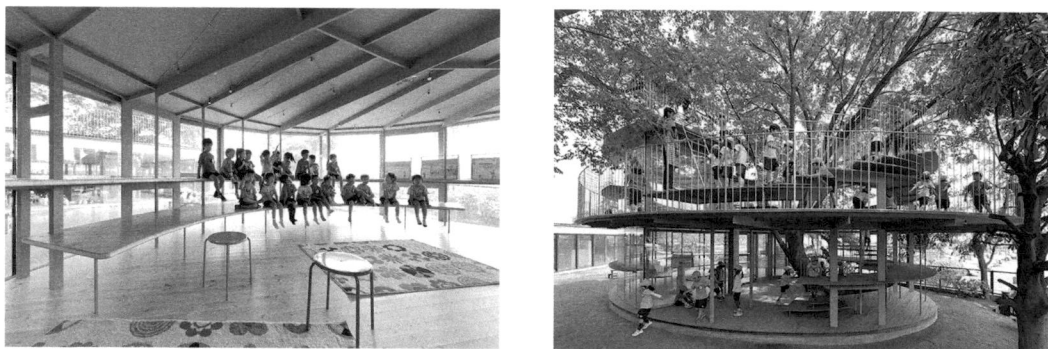

图 1-18　树屋幼儿园
（来源：designboom）

1.1.4　时代的需要：整一性的分解与重建

1. 整一性的分解与"力"的祛魅

科学技术的"祛魅"（disenchantment）[①]为建筑领域带来了新的启示，建筑师开始尝试脱离古典的建筑法则，用科学理性的方式思考和解决建筑问题。在这一过程中，原本作为建筑整体存在的支撑系统被科学量化成为独立于建筑艺术系统之外的技术对象，这意味着结构在意义和价值层面的内容被去除。

这一转变首先体现在对"力"（force）这一概念的不同认识上。在技术时代，我们更习惯从科学的角度对这一概念进行描述，例如艾萨克·牛顿（Isaac Newton）认为，物质内部存在一种抵抗的力量，无论是静止的还是匀速直线运动的物体，都存在这种内在的力的作用。同一时期的罗伯特·胡克（Robert Hooke）等科学家相继通过破碎、穿透和弹性实验等方式来测量结构内部的力学作用[43]。当时人们对"力"的理解已经建立在科学和实验的基础之上，与之相关的研究也归属于科学和技术的领域。然而，在前技术时代，人们对力的认识仍然是基于经验的，例如，文艺复兴时期的建筑理论家莱昂·巴蒂斯塔·阿尔伯蒂（Leon Baptista Alberti）曾用"potanza"来形容和表达力（force），认为力是"在雕刻之前，隐藏在石头当中的身体"[43]。达·芬奇认为，力作为"一种灵魂的机构或无形的力量，扩散在身体的内部"。与牛顿处于同一时代的安东尼奥·孔蒂（Antonio Conti），虽然与牛顿在相同的实验中使用了相同的力的术语，但两者对于力的认识却不同。在孔蒂的观念里，内在的力量有形而上学的，甚至是神学的属性，他认为"力应该是印在物质中的某种东西，是神圣命令效力的结果"[43]。

可以看出，牛顿和莱布尼茨（Gottfried Wilhelm Leibniz）对"力"的理解并非源自直接的身体经验，而是通过科学实验形成的实证主义观念，即一种经过科学祛魅的"力"的概念。相比之下，孔蒂以及前技术时代对"力"的认识则更多地依赖于经验，其共同特点在于保留了"力"在形而上学层面的意义和价值。显然，当下人们对"力"的理解是基于牛顿提出的力学定义。随着力学解释的日益明确，形而上学层面对"力"的讨论变得越来越少。然而，这并不意味着"力"在事实层面已经失去了表达和容纳外部世界的能力。因此，我们仍然有必要对其进行诗意的探讨，使得科学量化的结构能够通过"力"的情感层次，重新融入技术与非技术共同构成的建筑整体中。正如前人所说，"诗有办法将科学所丧失的整体性具体地表达出来，科学离开既有的物，诗带我们重返具体的物……"[44]

当下技术飞速发展的时代，对于"力"的完整诠释需要重新整合实验技术层面的"力"与前技术时代当中情感知觉层面的"力"，并在两者之间建立一种平衡，作为结构技

---

① "祛魅"来源于马克斯·韦伯所称的"世界的祛魅"（the disenchantment of the world）。"disenchantment"可译为"解咒""祛魅""去神秘化"等，具体指把来自主体性、经验和感性的神秘性、神圣性等隐秘理论的去除，并使世界完全理性化的过程。[42]大卫·格里芬.后现代科学——科学魅力的再现[M].北京：中央编译出版社，2004.

术"附魅"（enchantment）的起点。

2. 整一性的分解与专业分化

在文艺复兴时期，"艺术的言说方式与技术的言说方式，谁也不会让对方感到合法性的危机，仰望天空观察行星运动与诗意的激情并不相互排斥"[45]。工业革命之后，科学技术的发展使得世界的整一性①"分解"。勒内·笛卡尔（René Descartes）提出"我思故我在"之后，英国经验主义、大陆理性主义和法国启蒙思想进一步将人的主观性分为感性和理性。这一思想发展到19世纪，最终导致了人文精神与技术理性的分离，以及随之而来的学科专业化和物质与意义的分离。

整体性解构之后，学科划分变得更加精细化，这种专业化进程使得从整体角度理解事物的本质变得更加困难。马克思·舍勒（Max Scheler）认为，"在人类知识的任何其他时代中，人从未像我们现在那样对人自身越来越充满疑问。我们有一个科学的人类学、一个哲学的人类学和一个神学的人类学，他们彼此之间都毫不通气。因此我们不再具有任何清晰而连贯的关于人的观念"[46]。此外，整体性的分化导致了物质和意义的分裂。在整体性解构之前，人们对精神层面的追求远远超过对物质层面的需求。然而，随着工业产品的出现，人类开始通过自身的活动制造满足欲望的产品，精神追求也开始依赖物质的形态。人们逐渐倾向于直接消费物质，享受物品的价值、外观和舒适性，从而忽视了深层次的情感和精神追求。这种转变使得人们倾向于对事物进行单一的解释，呈现出一种"有效"但"无魅"的状态。这种深刻的分裂是世界观变化的必然结果，这一阶段假定了人类现实中的客观领域和主观领域是绝对分离的[16]。

诚然，在整一性破裂与专业化的背景下，人们已经见证了令人难以置信的工程发展速度。第二次世界大战前后，在技术至上主义的影响下，人们普遍认为工程建造相关的工作是英勇的，并为此冠以崇高的头衔[47]。这一时期较为激进的建筑理论家雷纳·班纳姆（Reyner Banham）认为，"建筑的未来在于技术，在于技术内在的对于形式的不关心"[12]。美国工程师本杰明·巴克敏斯特·富勒（R. Buckminster Fuller）在1927年提出的高效多功能住宅（Dymaxion House）正是通过对机械装置的创造性使用，将飞机技术迁移到住宅的设计当中而获得成功，成为这一工程理念最杰出的实践者。

3. 整一性的重建与工程目标的转变

当今，工程师在应对建筑物刚度和强度方面的挑战都达到前所未有的高度，他们几乎能够计算任何结构，并迅速完成工作。与此同时，伴随着工程师专业技能的提升，结构技术也经历了巨大的变革，从最初的线性结构到复杂的空间建筑，在结构效率和建造的经济性方面取得了显著进步（图1-19）。

然而，到20世纪90年代，这种对技术的极度乐观开始转变。与现代初期相比，当今

---

① 整体主义的思想可以追溯到前苏格拉底哲学家赫拉克利特，他认为"相互排斥本身如何变成了相互吸引：相反相成，就如同弓与弦的对立统一"。从柏拉图的世界灵魂，到亚里士多德，再到后来的斯宾诺莎和莱布尼茨，他们都从不同角度提出了整体性的观点。这种整体主义方法一直反对机械论的世界观，主张从整体出发评估具体事物，从有生命的角度评估无生命的物质。

社会的矛盾和问题更加复杂。一方面，技术的地位显著提升，已从旁观者变为无处不在的元素，深深渗透到我们的生活中，人们处于一个复杂的技术生态系统[49]；另一方面，全球化与地方化之间的矛盾更加突出。因此，今天我们更需要从现实生活出发，对技术持有更加多元化的看法，将技术的思考融入其自然和文化背景之中[49]。作为人类生活世界的重要组成部分，建筑对人和自然的影响不容忽视。建筑师在解决技术问题时，不仅要满足功能需求，还要关注建筑在技术之外的诗意、真理及精神需求。对于工程师来说，过去主要依靠技术专业技能，未来则需要更多地运用专业技能来满足客户和社会的需求，这些需求有时是非技术性的[48]。这些变化要求我们重新定位和解释当下工程师的工作，从整体语境中思考建筑与结构工程的问题。

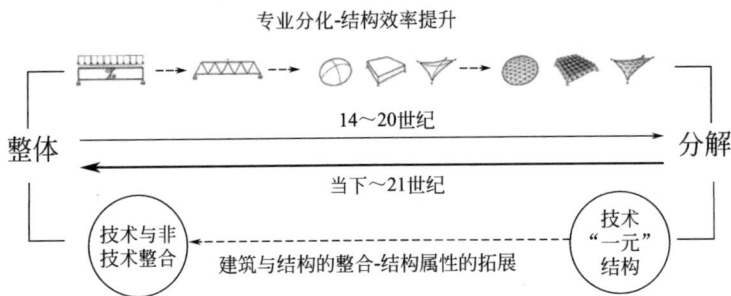

图 1-19　建筑与结构整体性的分解与重建

　　然而，如前所述，整一性的破裂导致了经验的碎片化，知识瓦解成为许多独立的专业[50]。在建筑领域，这种分离意味着将设计与技术驱动的结构割裂开来，难以实现技术与非技术之间的深层对话。因此，在建筑领域重建整一性的关键在于促进积极合作。这种对话的基础既需要建筑设计师对结构有敏锐的理解，也需要工程师将结构意识与空间敏感性结合起来，形成新的结构观念。通过对二者关系的重新定义，工程师们能够带着专业的自信，积极地接近建筑师的主观选择，质疑并改进他们的建议，使工程师像建筑师一样成为设计者[15]。因此，真正的合作需要从对方的视角出发，建立在两个学科之间沟通的"共同语言"，并在此基础上拓展技术与设计的融合，形成更具包容性的结构观念。

1.2 ｜ 提出假设——范型重建

　　综上所述，18世纪初在专业化的需求下，传统的建造师（architektura）逐渐被划分为建筑设计和工程计算两个独立的领域。结构的工具化和机械化，分别代表着建筑师主导和结构工程师主导下的两种极端结构设计倾向。同时，这两种相反的现象又具有同一性，这使其同时被归为"一元"建筑结构的范畴。而构成这一同一性的基础是两者均在建筑或结构的单一视域内审视结构问题。因此，走出这一"单边"困境的方式不是在"工具化"与"机械化"这两种状态之间找到中介点，而在于建筑与结构工程双重视域的融合。本书针对以上问题提出"二元"建筑结构的理论模型，使其成为可以引导双方协同合作的"共同语言"，重新将结构设计置于技术与文化的整体语境中，并尝试通过结构的技术需求与空间需求、技术理性与主体意向性的整合，实现结构维度的拓展和建筑整体丰富性的提升（图1-20）。

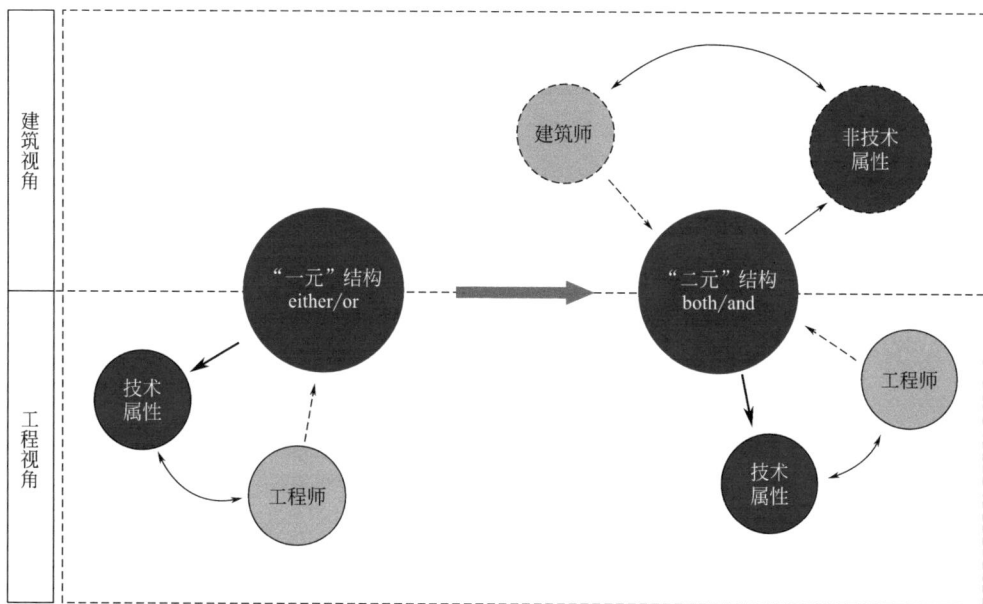

图 1-20   "一元"建筑结构与"二元"建筑结构的概念模型

1.3 | 研究动态

1.3.1 建筑结构工程历史对于建筑结构整合问题的相关研究

大卫·比林顿（Billington David P.）为工程师美学提供了理论基础，提出了结构设计的法则，即"效率""经济"和"美观"，认为只要坚持"效率"和"经济"原则，就可以达到"美观"[51]。罗兰德·曼斯通（Rowland Mainstone）详细研究了结构的形式与特点，讨论了结构形态与建筑表现之间的关系，并将结构部分纳入建筑视觉和风格范畴内予以阐述，他认为在设计过程中，结构的形态完全可以作为建筑师设计和表现的方法，此种方法使设计师以更加理性的思维方式思考设计[23]。比尔·阿迪斯（Bill Addis）探索了推动现代工程的材料、经典文本、仪器和理论，并通过实际的案例分析，集中讲述了17

世纪和18世纪的工业革命和科学革命以来的结构技术发展历程[48]。彼埃尔·弗朗卡斯特（Francastel Pierre）认为，19世纪和20世纪科学对于物质的微观结构的发现，对于艺术家们对创造材料的认识，带来了重要的启示。同样，对节奏的重新界定，也恰恰是立体派和柯布西耶建筑中所呈现出来的状态[53]。乌尔里希（Pfammatter Ulrich）朴实且翔实的学科史，讲述了在欧洲背景下，结构工程学与建筑学200年间的崛起与复杂的社会关系[54]。香港中文大学的朱竞翔教授致力于结构先驱的工作给建筑师带来的启示，总结了结构的发展从萌芽、成熟到自治的过程，强调建筑中结构的逻辑性[55]。

1.3.2　建筑结构的设计方法以及结构概念与合理性问题的相关研究

1. 结构设计方法

托尼·科特尼克（Toni Kotnik）提出图解静力学是一种基于矢量的构建平衡方法，其使得汇集了结构思维和建筑概念的设计方法成为可能。他讨论了图解静力学的基本框架，举例说明了这一方法在具体项目实践中的应用[57]。奥雷利奥·莫塔尼（Aurelio Muttoni）完整地研究了结构作为建筑的中心主题在技术理性和内在逻辑方面对于建筑形态和表现的促进作用，并以一种可视化的方式，通过对建筑形态和具体结构的静力学图形对比研究，从受力与平衡、结构内力、强度和刚度、稳定性等方面促进了结构和建筑的对话，达到技术与艺术整合表现的效果[58]。孟宪川通过案例研究的方式，从形态、构件和节点三方面，为建筑师揭示了一种以弯矩图为媒介的建筑、结构一体化的设计方法[59]。马瑞欧·萨瓦多里（Mario George Salvadori）从影响结构形态的各类技术要素出发，展示了结构形态及表现在建筑设计中的重要性，阐明了结构的内在技术逻辑对结构形态、建筑表现的推动力[60]。

2. 结构概念

安格斯·麦克唐纳（Macdonald A. J.）提出从整体上把握结构问题，并试图将整个结构和建筑联系起来，具体解答了什么是建筑结构、如何定义一个建筑的结构所包含的所有其他组件和元素之间的区别、结构的要求是什么，以及结构如何增强建筑审美等问题[17]。挪威科技大学桑达克·诺曼（Sandaker Bjørn Normann）教授提出应该从建筑的整体思考结构，以及如何理解建筑艺术内在的机械和概念方面的技术，并用新的方法对传统和当下著名的建筑作品背后的结构原则进行分析[61]。朱竞翔教授的博士论文中对结构的概念有详细的探究，提出结构有组织脉络的意思，是理解事物的一种方法，是局部与整体的相互关系，结构分析就是研究成分的组成及成分关系被组合的方式[55]。苏黎世联邦理工学院ETH教授约瑟夫·施瓦兹（Joseph Schwartz）提出，随着建筑材料和建造技术的发展，结构与建筑融合的建筑设计方法越来越受到人们的关注，并在这样的背景下提出了"强结构"的概念。其中"强"所代表的是"多重"与"超出"的含义，其意图是让结构超越其传统概念上单一的承重功能，在支撑起建筑的同时又从根本上可以塑造建筑的形式和空间[15]。王帅中在此基础上对"强结构"的概念展开研究，以强结构自身概念的明晰以及结构师与建筑师各自视角下的探索与合作为出发点，为当下国内的结构与建筑设计提供一个不同的视角与思维方式[63]。

3. 结构合理性

郭屹民认为，"现代主义阐述的合理性，通常是在现代主义范畴内，被人为理想化的经济效益最优解，而当代合理性的'最适解'不是共同体式的唯一答案，却应该是具体的、多元的"[64]。克里斯蒂安·克雷兹（Christian Kerez）谈到建筑设计当中的合理性问题，涉及个人偏好与合理性之间的平衡，并指出合理（Rational）与合理化（Rationalized）之间的区别以及纯粹的感性与直觉理性化的过程[65]。佐佐木睦朗（Mutsuro Sasaki）提到近代理性主义是当代建筑的壁垒，形成非人性化的城市环境，而当下对于自由形态的追求为突破这种壁垒提供了可能；同时结构应该回应建筑的变化，包括人对于空间和建造形态感知的偏好，但对于个性和创造力的追求需要建立在力学合理性的基础上，强调通过建筑师和结构师合作的方式，形成社会感性对结构合理性的不过分的修正和整合[66]。

1.3.3 建造结构整合问题在设计操作与实践层面的研究

弗鲁里·艾塔（Flury Aita）提出建筑师要有跨越边界的好奇心，要成为对结构有着敏锐理解的建筑设计师；工程师要将"静力感知"与"空间感知"能力结合起来，并以自信的工程思维接近建筑师的主观设计决策[15]。段敬阳与邓浩通过对结构工程师与建筑师各自的技术价值观进行比较，指出为了保障两者合作的顺畅以及促进建筑创新性的提升，建筑师需要建立更全面的技术价值观[67]。玛丽亚·弗龙蒂西（Maria Vrontissi）基于建筑教育的内在特征，通过"构建平衡"结构设计课程，将重点转移到结构教育的综合方面和概念组成部分，提出通过模型的方式形成三维空间结构性能的直观理解，通过具体和抽象、材料与结构的相互作用促进建筑和结构的整合设计[68]。意大利结构工程师皮埃尔·奈尔维（Pier Luigi Nervi）从历史的角度出发，在对现浇混凝土材料的造型进行分析研究和实践的基础上，结合实例充分说明了结构形态自身的艺术表现力，并提出结构形态对建筑表现的非凡推动力，认为结构思维下的建筑表现是一个非常高效的设计手段[21]。奥古斯丁·科门坦特（August E. Komendant）通过对若干工程实例的细致研究，以及建筑设计和建造过程中结构工程师与建筑师路易斯·康之间的矛盾和相互激励的经历，展现出结构的智性和知性两个不同结构观念的碰撞过程[70]。工程师西塞尔·巴尔蒙德（Cecil Balmond）的著作《异规》，从结构工程师的角度，详细解读了建筑的形成规律，总结了与建筑结构有关的数学和物理学定义，以及由此激发的多元、自由、创新的建筑形式和空间组合方式[71]。

1.4 | 研究对象："二元"建筑结构的定义与内容

本书的"二元"建筑结构是相对于工具化与机械化的"一元"结构观念提出的。正如问题提出部分的讨论，建筑结构本身具有技术与非技术双重属性，只是在现代社会中，由于对科学和技术理性的夸大，使得结构的非技术属性被弱化。尽管在"一元"建筑结构的观念中也存在丰富的对于美学、社会性等非技术层面的讨论，但是这种讨论通常是将美学视为技术的因变量，建筑师和工程师仍在各自的语境中讨论结构，缺乏可以跨越边界、相互激发的"共同语言"。本书的研究目标是通过对建筑结构的"二元"探索，形成整合的设计方法，重新建立结构的技术与非技术属性之间的关联。

1.4.1 "二元"建筑结构的定义

1. "结构"的定义

阿德里安·福蒂（Adrian Forty）总结了建筑中结构（structure）一词的三种用法：其一是泛指任一建筑物的整体；其二是建筑物的支撑系统，有别于建筑物的其他要素，如装饰、饰面或设备；其三是指使绘制的方案、建筑物、建筑群或整个城市和区域可被理解的图示[12]。另外，福蒂认为第二种情况其实是第三种的特殊情况，同时这两个概念在使用过程中时常出现混淆，以至于"几乎无法辨别结构是指建筑物的物质支撑，还是通过其他要素显现的一个不同的、不可见的图式"[12]。本书对于结构的讨论主要是第二种情况，特指作为建筑支撑系统的"结构"。但从概念层面，这种存在于作为物质支撑的"重力的结构"本身与作为抽象图式的"秩序的结构"，两种概念之间混淆似乎也说明了两者之间的内在相关性。

2. "二元"的辨析

本书讨论的"二元"建筑结构是指结构本身的"二元性"（duality），而非笛卡尔式的身心"二元论"（dualism）当中的"二元"。"二元性"观念中的"二元"强调统一整体的不同面向，而笛卡尔的二元论则是相互分离的或具有因果关系的二元对立现象[72]。换句话说，"二元"建筑结构中的"二元"是指同一事物一体两面的双重属性。因而，结构的"二元"，并不是结构范畴内独立的对象，而是立足于建筑整体的二重性。在"二元"建筑结构的理论框架下讨论这些问题时，意味着建筑与结构"分有"了彼此的品质，形成相互对话的生成机制。

1.4.2 "二元"建筑结构的内容与解析

"二元"结构的双重属性包括结构的技术属性与非技术属性。其中结构的技术属性，是指将结构作为内在的技术逻辑，从科学和技术规律的角度来处理形式、强度、刚度和制造过程之间的关系；从非技术属性的角度，结构的主要目的是在物理上建立建筑空间，这使得结构的类型或形态的设计必然受到其空间功能的影响[33]。同时，作为建筑当中的结构，其非技术属性除了作为空间和功能的要素之外，还包含丰富的意义，以及与社会、自然、人文之间的丰富联系。因而，建筑结构的二重性包括两层含义：其一是指在建筑内部的结构技术属性与空间属性，其二是指结构技术与外部的自然和文人环境之间的技术、文化二重性（图1-21）。

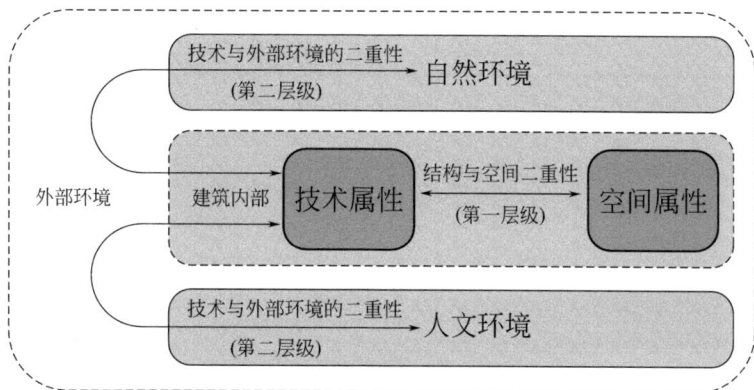

图 1-21　建筑结构"二重性"的两层含义

从解释系统的角度来看，具有双重属性的"二元"建筑结构包括技术与文化两种解释系统。其中结构的技术属性指向"因果性"（explanation-casual），通过计算、科学实验等方式获得安全、可靠的结果；结构的非技术属性指向主观的"意向性"（interpretation-intentionality），涉及建筑的审美、感受等层面的问题。相比之下，前者属于分析型思维，是"线性的、层次性的，其目的独立于个体的差异性与文化的价值体系，从而使结果可以被任何人重复"；后者的语境思维依赖于思想者自己的价值体系，其过程是非线性的，它从一个轨道到另一个轨道，从一个层次到另一个层次，通过逻辑上的联想进行跳跃。在一些情况下，当结构的行为超越了机械层面的解释时，需要突破工具理性的范畴，在一个更加广泛的背景下审视和理解结构的行为。这一过程使得结构问题从因果性进入意向性的解释系统。

从方法论的层面来看，在"一元"建筑结构的工作方法中，建筑师和结构工程师的工作范围被尽可能地分开，同时建筑与结构两个学科相邻的界面被清楚地界定并减少到最低限度。这种方式之下结构设计方法是一种演绎的方法，工程师仅在结构选型的基础下，完成建筑设计某些技术方面的工作。这种工作方法可以减少工程师的工作量，提高工作效率，但是不利于结构的丰富性与创造力，还可能由于结构优化手段的滥用，而造成建设成本和质量方面的损失。

相比之下，由于"二元"结构同时存在因果与意向性两部分内容，其设计方法不同于"一元"建筑结构纯粹的、演绎的方式，而是演绎与归纳两种方式的综合。苏黎世联邦理工学院教授克里斯蒂安·彭泽尔（Christian Penzel）将这种方式指向一种变相的溯因推理①（abduction）[15]。在这一过程中，结构师对于设计的贡献不在于解释某些数据，更多的是在建筑师的空间观念、材料概念以及用户需求和功能等一些来自外部的特定条件下建立一种结构假说。从这样的条件开始，工程师会选用合适的结构系统来最好地满足初始条件，从而得出结构概念。结构概念会影响建筑的空间设计，从而导致对初始条件的修改，进而会反过来要求结构设计进行调整[15]。当工程师的结构概念最好地满足初始条件时，其便与建筑师的空间概念结合成一个均匀的整体。

"一元"建筑结构与"二元"建筑结构的对比   表 1-1

类型	定义	内容	解释系统	方法
"一元"建筑结构	"一元"结构是指在建筑与结构分离的状态下，在单一的技术层面思考结构的设计问题，仅将结构作为独立于建筑非技术要素之外的支撑工具	技术属性	因果性	演绎
"二元"建筑结构	"二元"结构是指在建筑与结构整合的状态下，既把结构视为具有支撑和传递荷载的机械对象，也将结构视为影响空间与建筑形态的内在机制，将结构视为具有技术与非技术双重属性的研究对象	技术属性 非技术属性	因果性 意向性	溯因推理（演绎与归纳的综合）

通过对"一元"建筑结构与"二元"建筑结构的定义、内容、解释系统、设计方法的比较（表1-1），可以看出，"二元"建筑结构不是寻求单一维度的完美状态，而是通过一种恰如其分的适度状态，形成结构的技术需求与空间需求的平衡。因而，从"一元"建筑结构到"二元"建筑结构的"元"增长，并不是简单的量的叠加，而是由技术与非技术属性的碰撞与叠加，产生质的转变和"共同语言"的建立。

---

① 溯因推理也称为回溯推理，是美国哲学家查尔斯·皮尔斯在传统的演绎和归纳推理之外提出的第三种推理方法。"广义的溯因推理是指达到最佳解释推理，典型的方式是根据已观察到的现象，提出一个关于产生这个现象的原因或者规律的假说，这个假说是对这个现象的解释，它可信与否，在于它是否是一个最佳的解释"[73] 周建武．科学推理：逻辑与科学思维方法［J］．2020.

第
②
章

"一元"建筑结构体系下的"二元"抗争

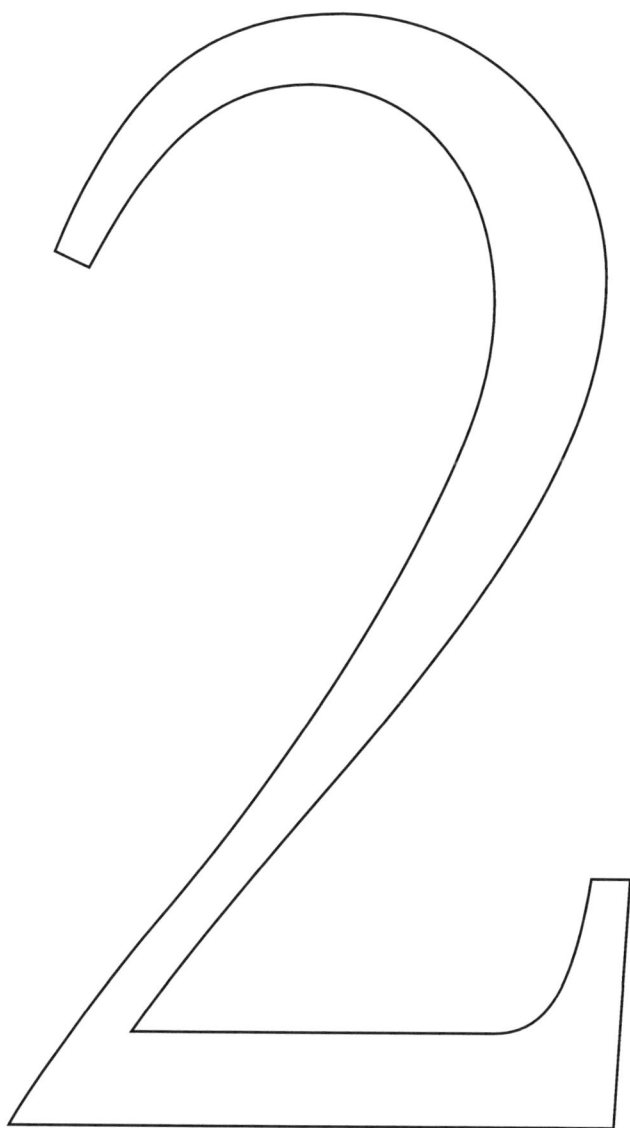

2

2.1 | 勒·柯布西耶：从"一元"到"二元"的建筑结构拓展

2.1.1 勒·柯布西耶的"一元"建筑结构主张

现代建筑的客观性体现在工程思维和生产性两个方面。虽然这两个问题的讨论不仅限于建筑的结构问题，但其与结构的技术属性密切相关，对现代建筑时期形成的结构与空间分离产生了深远影响。

德国评论家理查德·斯特雷斯（Richard Streiter）在1896年首次将"客观性"（Sachlichkeit）引入建筑词汇，将其作为德国新建筑的核心理念，以实现建筑的功能性、舒适和健康。随后，赫尔曼·穆特修斯（Herman Muthesius）在1902年进一步指出，客观性是对19世纪建筑风格泛滥的一种矫正，遵循这一原则将有助于形成真正的德国建筑[12]。虽然穆特修斯所描述的客观性具有非常丰富的内涵，但在德语体系里由客观性构成的"现实主义"意思是建造的理性主义，要求结构力学表达要最清晰明了地反映在现代工程的作品中[12]。这一思想影响了一些建筑师，他们开始将工程师视为榜样，学习工程师的方法来构建自己的建筑理念。到20世纪20年代，客观性成为现代主义文化的重要组成部分，并在德国几乎成为现代主义的代名词，"新客观主义"（Die neue Sachlichkeit）也由此而生，用以描述一种追求功能和技术忠实表达的非表现主义现代艺术[12, 32]。

另一个影响现代建筑思想的重要因素是批量生产及其背后的合理化观念。1910年，弗雷德里克·温斯洛·泰勒（Frederick Winslow Taylor）通过整合设计经验和传统建造方法，发展出一套科学的生产管理模式。这一模式不仅提出了一种新的建造秩序，还形成了包括设计、生产和建造过程在内的系统化方法论。沃尔特·格罗皮乌斯（Walter Gropius）认为，建筑师应被视为"协调者"，而非传统意义上的艺术家，他们的职责是创造性地运用科学和技术成果[20]。

在这种思潮下，柯布西耶在《走向新建筑》中提出的观点尤为引人注目。他写道："工程师依靠计算来工作，并依靠几何学的形体，用几何来满足我们的视觉，用数学满足我们的认知；他们的作品正走在通向伟大艺术的道路上"[74]。柯布西耶列举了1884年埃菲尔的加拉比特高架桥和1915年贾科莫·马特·特鲁科（Giacomo Matt-Trucco）的菲亚特工厂等先进工程结构，表达了对机器美学的赞赏。这种思维方式改变了建筑师的角色，使他们从19世纪的艺术家转变为理性的工程师，并通过将理性和客观性提升到比主观感觉更重的地位，对抗传统建筑风格的束缚。

此外，柯布西耶高度重视标准化问题，他认为"人类是节约的，标准化住宅就是一种最大的节约"[75]。他通过对比帕提农神庙和汽车，强调标准化的必要性。他设想，工业化批量生产的房屋将带来健康、合理的形态，并形成高精度的美学[74]。柯布西耶设计的雪铁龙住宅方案试图通过大规模生产方法解决战后住房危机，这与格罗皮乌斯的理念一致[32]。

尽管柯布西耶关注客观性与生产性，但与德国的"新客观主义"（Die neue Sachlichkeit）不同，他的作品中常常呈现后人文主义的倾向。他在科学与艺术的两种思维方式之间徘徊，尝试综合两者的矛盾。他认为工程师通过自然法则和数学计算创造了建筑，但同时强调工程师和建筑师的美学是不同的。1927年，汉内斯·梅耶（Hanns Meyer）在日内瓦大楼的设计中采用标准化和重复性的模数，追求功能和技术的忠实表达[32]，而柯布西耶则通过列柱和弧形门廊的应用，赋予建筑纪念性和秩序，同时提供更多接触自然的机会。两者的差异被肯尼斯·弗兰姆普敦（Kenneth Frampton）归结为"功利主义与人文主义"的对比。而这种模糊性也使得柯布西耶后来被坚守功能主义的建筑师们发难，称其为"诗意的乌托邦主义者"。

虽然柯布西耶受新艺术运动和德意志制造联盟思想的影响，但在1927年日内瓦大楼之后，他开始尝试为功能主义注入更多的诗意，寻求建筑理性与情感的平衡。

2.1.2　多米诺体系潜在的二元性

如前所述，从结构与空间关系的角度，多米诺体系最初的形成也有着对自由空间形态方面的考虑[76]。密斯·凡·德·罗（Mies Vander Rohe）也曾谈到空间与结构是互相成就的。他认为"自由的平面离不开清晰的结构；结构是建筑整体的支柱，它使平面的自由成为可能；没有支柱的平面只能是混乱和凝滞的，不可能有自由"[20]。然而，在这种情况下，空间与结构的组织方式是预设的和固定的。柯布西耶与密斯为了达到这一理想状态，假定了两者的独立性。柯林·罗（Colin Rowe）认为，这种状态正如"一个自主的结构贯穿了一个自由抽象的空间，作为它的标点符号，而不是它的定义形式"[77]。因而，多米诺体系下的结构可以视为一种特定空间生成的范式，但不具有"二元"建筑结构当中空间和结构的融合与相互激发的状态。

值得强调的是，虽然多米诺体系的形成与发展均受到客观性与生产性的影响，并且在一定程度上导致了"一元"的工具化结构，但其核心理念具有明显的双重属性。从生产性的角度，多米诺体系是基于批量生产的目标提出的纯功能产物，但在柯布西耶眼中多米诺也可以和古典主义中建筑的三分法，或是印度石刻建筑的横梁式结构体系相呼应，其在某种程度上代表了柯布西耶对于原始木屋的类比[78]。同时其纯净、精确的几何形式也是机器时代的恰当表达，是一种有关精神的、普世的视觉语言[32]。和同样以框架结构为基础的芝加哥学派相比，"芝加哥学派的框架结构更多是一个事实，而不是理念；但在多米诺体系中框架结构在被视为一种合乎理性的事实之前，首先是一个核心的理念"[77]。

具体来看，从结构合理性的角度，构成多米诺体系的梁、板、柱不是一种建筑常规范畴的符号，而是具有真实功能且遵循力学和物理原则的结构构件，其具有明确的自我指涉性[79]。同时，在一些工程师眼中，多米诺体系"这种以省料、省钱和以结构表达为标准的建筑工程不能被视为'结构'"[80]。尽管柯布西耶通过传统承重墙结构和多米诺体系结构的对比[①]，证明了后者在结构合理性方面的优越性[81]（图2-1），但比起真正追求结构效率与工程美感的"结构艺术家"[②]，柯布西耶更看重的仍然"是纯净、精确的几何形式"，这种语言可以与他身处其中日益机械化的世界形成关联，同时也与柯布西耶早期的个人观点和几何偏好相契合。可见，多米诺体系虽然源于结构概念，但其真正关注的角度是技术机械美学的可视化，而不是技术的功能性本身[82]。

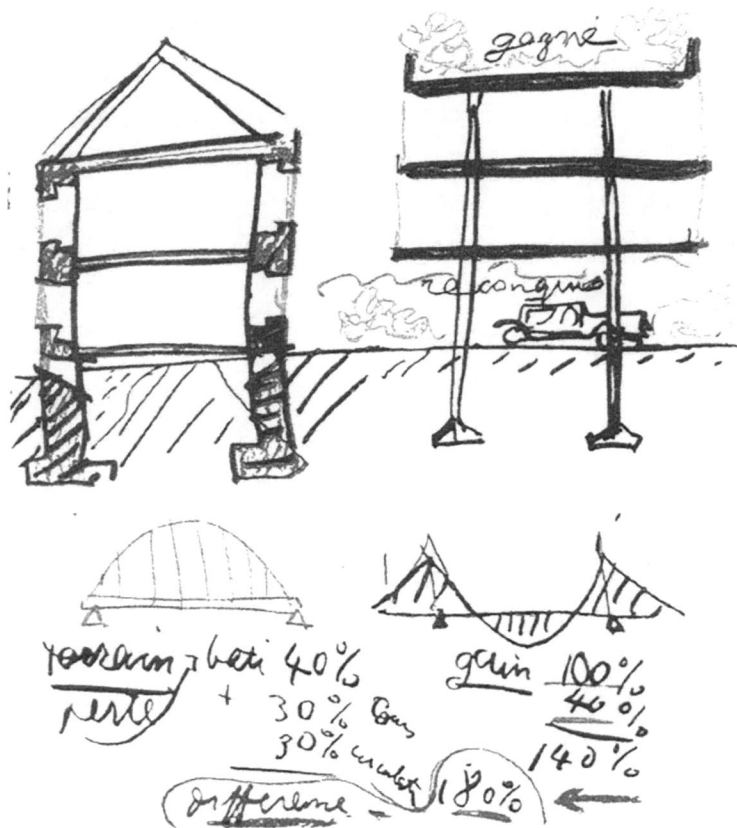

图2-1　柯布西耶对砌体结构和框架结构的手绘分析图
（来源：勒·柯布西耶《精确性：建筑与城市规划状态报告》）

　　在多米诺体系的发展过程中，其原始的结构逻辑逐渐演变成一种"国际式"的修辞风格[83]，使其逐步变为一种标准化的、僵死的形式主义代名词。这一转变削弱了结构与空间之间原本的创造性和丰富性。由于一些追随者对"国际式"核心原则的理解不深入，他们将新形式仅仅视作建筑的外在装饰，忽略了其深层意义和功能规律，从而使其变成一种表面化的风格[32]。在这种情况下，结构仅仅成为实现这种外表风格的工具。因此，在20世纪30年代，当多米诺框架体系成为国际风格的代表时，柯布西耶开始重新

---

　　① 柯布西耶认为，传统承重墙结构的做法中梁需要承受的荷载是钢筋混凝土悬臂梁的2倍。
　　② 通过将多米诺体系和马亚尔在基亚索仓库的平板结构进行对比，就可以看出多米诺体系对于结构的立场并不是工程性思考。

审视这一体系。他在巴黎大学城瑞士学生公寓（Pavillon Suisse，Cité Internationale Universitaire）中展示了这一转变，这被认为是柯布西耶建筑多样性发展的一个转折点[78]。柯布西耶不再机械地延续和重复多米诺体系，而是通过新的综合方法赋予其生命力[78]。具体来看，这座建筑采用了钢框架结构，体现了机械客观性与生产性。同时，底层结构柱由带有竖向模板痕迹的厚重混凝土柱组成，与上方轻盈的钢结构公寓形成鲜明对比，打破了新建筑五点中的细长柱设计（图2-2）。另外，受到这一时期柯布西耶所痴迷的"带有诗意的自然物品"的影响，其修正了纯粹居住板式体的理想类型，通过在方案中引入不同类型的"狗骨"形空间，让人联想起身体，同时与场地环境形成更好地契合[78]。

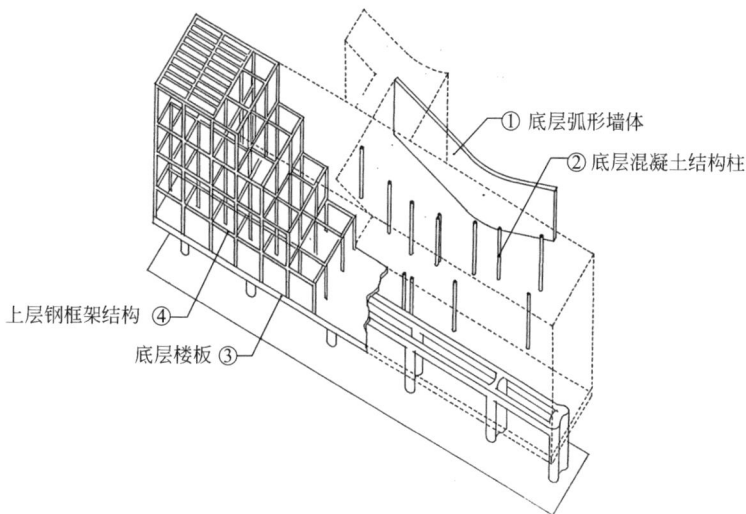

① 底层弧形墙体
② 底层混凝土结构柱
上层钢框架结构 ④
底层楼板 ③

图 2-2　巴黎大学城瑞士学生公寓结构
（来源：Edward R Ford《The details of modern architecture》）

综上所述，多米诺体系开启了工具化结构的进程，促使空间与结构分离成两个独立的系统；然而，其形成过程依然基于建筑整体的形态与空间的思考，这一过程奠定了这些建筑的整体秩序[78]。因此，多米诺体系不能简单地被看作是对功能问题的机械解决或某种结构类型的直接复制。

2.1.3　勒·柯布西耶后期建筑作品中的"二元"建筑结构拓展

虽然柯布西耶在新建筑中宣扬的相关理论，推动了工具化的"一元"的建筑结构，但柯布西耶本质上的结构观念并不是绝对的工程思维。在他的建筑生涯中，总是试图从对立的两极来思考问题，每个新的设计进程都是竭力去综合对立面，特别是勒·柯布西耶后期的创作作品，试图调解他在建筑观和世界观上的二元性[78]。

这一阶段柯布西耶建筑作品中结构的二元性，具体体现在创作过程中通过协调作品中的各个潜在设计意图，使其与建筑荷载以及结构支撑的感觉相呼应，实现特定类型元素与具体问题以及个人形式库的融合。他希望建筑师和工程师能够通过紧密合作，成为兼具美学能力和工程理性的建造大师，类似于哥特时期的建筑师。柯布西耶曾称赞工程师弗拉基米尔·博迪安斯基（Vladimir Bodansky），他说道："博迪安斯基是一名工程师，我是一名建筑师，博迪安斯基拥有建筑精神，就像我拥有工程精神一样"[78]。在《人类的居所》中，他图示了建筑师与工程师合作的愿景，展示了建筑与工程领域的统一性和相关性[81]。这种对建筑和结构合作关系的推崇，部分是为了克服工程师和建筑师之间的差距，同时也受到他早年在佩雷事务所工作经验的影响。

尽管柯布西耶只是在理论层面将两者融合起来，实践中仍然将建筑的意境领域与技术加工分开——与大部分建筑师相同，其个人的主要精力也集中在建筑概念上；但不可否认的是，他大部分项目都建立在一个清晰的结构概念之上[84]。然而，他的项目大多建立在明确的结构概念基础上，要归功于他与结构工程师如安德烈·沃根斯基（Andre Wogenscky）、伊安尼斯·泽奈吉斯（Iannis Xenakis）和弗拉基米尔·博迪安斯基（Vladimir Bodiansky）等的紧密合作。

在后期实践中，柯布西耶的作品展示了砖石筒拱结构、承重墙体系及钢筋混凝土和钢结构"反拱"屋面的元素。这些结构模式比多米诺体系更具非技术属性。莫诺尔体系通过拱结构将建筑与自然环境融合，伞形帐篷结构则通过雕塑和移情方式，将他的"形式族库"和结构理性结合，赋予结构一种象征性。

1. 莫诺尔体系

在光辉城市中，柯布西耶写道，拱结构是"与具有支配性、有组织的人类思想紧密相关的产物，因此它们将永远在人类的所有创作活动中萦绕不去"[85]，同时绘制了一幅"基本罗马形式"的草图，包括拱、半圆形凹室和筒形拱的结构类型。

除多米诺体系之外，变截面的扁筒拱（Low barrel vaults）无疑是柯布西耶建筑语汇中反复出现的主题[86]。不同的是后者是空间类型而不是结构类型[87]。1919年莫诺尔（Monol）住宅是柯布西耶的第一个以拱形结构为主题，并有承重墙支撑的设计。其屋顶是由薄壳结构形成的波浪形屋顶，下面由墙结构支撑（图2-3）。尽管与雪铁龙住宅一样，

图2-3 莫诺尔住宅
（来源：《柯布西耶全集第2卷》）

莫诺尔住宅是同时期批量生产住宅计划的产物，但仍然可以从这一设计理念中感知到柯布西耶在绘画中所呈现出的"带有诗意的物品"[88]。为了区别于客观主义和批量生产理念下的雪铁龙住宅（Maison Citrohan），柯布西耶将其比喻为强调客观形体的"男性住宅"，保持着方正与刚硬，与环境之间呈对立关系；把莫诺尔体系下的拱形结构住宅比喻为无限主观的"女性住宅"，其低矮的拱形空间向自然敞开[78]。

相比之下，建于1935年的圣克劳德住宅（Petite Masion de Weekend）并不是按莫诺尔原型进行设计的量产住宅，而是一个"半洞穴、半机器"的原始小屋。这座建于巴黎附近的周末住宅是一个里程碑式的作品，其标志着柯布西耶与纯粹主义意识形态和新客观主义功能思想分道扬镳的新起点[56]。具体来看，柯布西耶将宽2.5米，半径2.24米的预应力钢筋混凝土筒拱作为建筑形态秩序的基础[89]，不仅在建筑的外部和空间中都强调这一结构形态，还将这种影响一直延伸到庭院中的凉亭（图2-4）。通过屋顶结构这一"唯一可利用的建筑手段的充分表达"，形成一种"自然状态下的洞穴式设计理念"，实现了对白色时代纯粹的直立方体轮廓和均质空间框架的解体[88]（图2-4）。

此后，柯布西耶以圣克劳德住宅为原型，分别于1952年和1955年设计了贾奥尔住宅（Maisons Jaoul）和萨拉巴伊女士住宅（Masion Sarabhai, Ahmedabad）。贾奥尔住宅位于地中海地区，是一座多层住宅，其楼板和屋顶采用了成本较低的加泰罗尼亚拱，外墙由清水砖承重①。立面上裸露的钢筋混凝土过梁作为水平支撑结构，承载由拱传递到多样且不规则的门窗洞口上的荷载[90]（图2-5）。由于建筑是由阿尔及利亚工人手工建造，砖砌拱没有使用钢筋，而是依赖拱下暴露的连杆来确保稳定性。这种低效的结构方式在一定程度上限制了室内空间的通透性。詹姆斯·斯特林（James Stirling）认为，柯布西耶的这种设计理念是不以功能和效率为导向的"反理性"做法，是对现代建筑理性主义传统的一种反叛。他认为"贾奥尔住宅是对那些一直被某种神话所滋养的情感的一种对抗，这个神话就是现代建筑应当把自己表达为光滑的、机器制作的平表面，安置在结构表露的框架之内"[29]。之后，在萨拉巴伊女士住宅中柯布西耶继续沿用了拱形结构的空间语汇，同时考虑到气候因素将垂直支撑与遮阳板结合，为炎热的热带气候创造了一种适宜的结构类型[78]。通过覆土屋顶、地面植物和水池的引入，他将拱形空间与热带环境紧密结合，展现了现代建造方式与气候和传统之间的和谐对话。

可以看出，从1935年的圣克劳德周末住宅起，柯布西耶就开始尝试将筒拱结构形成的空间作为乡间住宅的重要设计语汇。在之后的贾奥尔和萨拉巴伊女士住宅中，以及本书未详尽介绍的罗克和罗布（Roq and Rob）假日住宅、北非谢尔谢勒（Cherchell）农场住宅的设计中，柯布西耶都采用筒拱结构作为定义空间的母题。他对于莫诺尔拱顶结构体系的发展，使建筑师能够在工业形式和乡土形式之间找到一种通用的表达方式[78]。进而通过将这种结构与粗糙的墙体结合，成功调和了自然和机械化之间的矛盾，促成两种对立

---

① 加泰罗尼亚拱（Catalan vaults）是地中海沿岸的一种住宅结构形式。浇筑加泰罗尼亚混凝土拱时将平板瓦铺设在模板上，建成后将平板瓦作为顶棚的内饰留在结构上。

思想的融合。

图 2-4　圣克劳德住宅
（来源：《柯布西耶全集第3卷》）

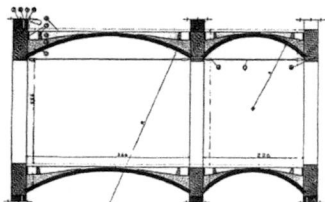

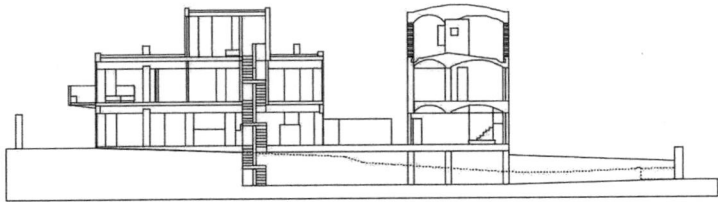

图 2-5　贾奥尔住宅
（来源：《柯布西耶全集第5卷》）

2. "帐篷"结构

在不断探索建筑形式的过程中，柯布西耶逐渐发展出帐篷结构作为他建筑设计的一种独特语言。这种帐篷形式的屋顶既能围合空间，又能提供结构支持，其整体稳定性依赖于材料表面的张力。实际上，这一设计理念早在1923年出版的《走向新建筑》中就已初见端倪。柯布西耶在书中对建筑的永恒精神表达了深切的向往，并通过将荒野中的希伯来庙宇描绘成由栅栏围合的圣区，进一步阐明了这一思想。

之后1937年巴黎世博会新时代展馆（Pavillon des Temps Nouveaux）的结构采用钢索制成的悬链式屋顶和钢架支柱，帐篷屋顶结构与内部展台结构分离（图2-6）。其中展馆屋顶宽30米、长35米，钢架支柱共7跨、间距5米，风撑共6跨、间距5米。通过这样的屋顶结构形态和尺度的设计将建筑的支撑、围合和模数等相关因素呈现在一张透明的薄膜结构上，重新挖掘了游牧文化特有的帐篷形式的建筑潜能[56]（图2-6）。1958年布鲁塞尔世博会的菲利普展馆（the Philips Pavilion），这座由柯布西耶与工程师伊安尼斯·泽奈吉斯（Iannis Xenakis）合作设计的作品，成功将音乐和空间的想象结合在动态的形式中，代表了柯布西耶帐篷实验的顶点[56]。为了避免轻质结构在抗噪方面的不足，飞利浦展馆没有采用新时代展馆的柔性结构，而是采用混凝土壳体组成的双曲抛物面张拉结构，通过间距为8毫米的双层拉索构成的张力网格，将预制的曲面混凝土板固定在以预应力钢筋混凝土柱为基准的结构框架中，最终完成的结构看起来像一个巨大且神秘的乐器（图2-7）。这座建筑将动态的空间效果、复杂的结构形态以及声音光线的需求整体建构为综合的艺术品，体现了建筑师非凡的建筑技能[78]。

图 2-6　巴黎世博会新时代展馆
（来源：archplus.net）

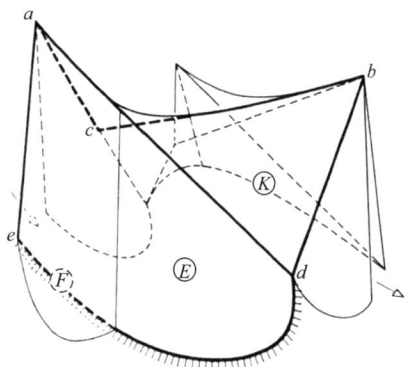

图 2-7　飞利浦展馆
（来源：Philips technical review vol.20）

帐篷结构的一种变体是钢构的伞形结构。与帐篷结构类似，这种伞状钢结构屋顶也将屋顶视为独立形式，脱离底部结构。这种结构做法也和传统建筑有一定的相关性，是柯布西耶对多利克庙宇或阿尔卑斯高山木屋屋顶的再诠释[86]。其雏形可以追溯到1939年的列日和美国旧金山展览馆方案（San Francisco 1939 or Liège 1939 Plan for the French Pavilion），该设计通过几根稀疏的柱子撑起的半柔性的顶棚，创造出无边的开放空间。顶棚如同一个钢制的遮阳棚，同时可为场馆提供充分的光源[89]（图2-8）。此后，以这一方案为雏形的海德·韦伯展馆（Heide Weber Pavilion）应运而生，这是一座兼具居住和展览双重功能的建筑。柯布西耶在设计中采用了一个钢屋顶构架，将两个相连的伞状结构（一个内凹、一个外凸）立于支柱之上，玻璃展区则嵌入下方的次要结构中。钢伞结构在边长的一半处通过最小支撑将屋顶悬浮于半空中，其稳定性通过折叠、弯曲、隐藏的加强筋以及关键点连接两个伞状结构的方式得到保障[78]。角钢的形态使得这个结构看起来似乎不够坚固（图2-9、图2-10），但这种屋顶和下部结构分离的做法却营造出一种富有戏剧性的空间效果。

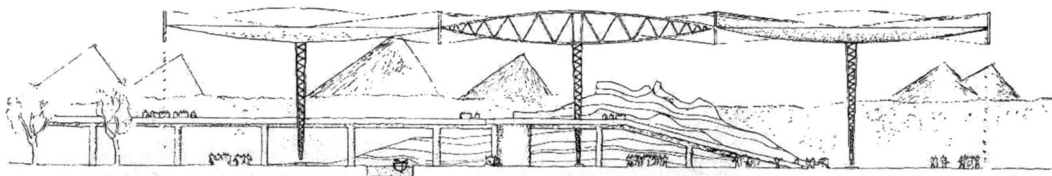

图 2-8　1939 年的列日和美国旧金山展览馆方案
（来源：W·博奥席耶.《柯布西耶全集》第3卷）

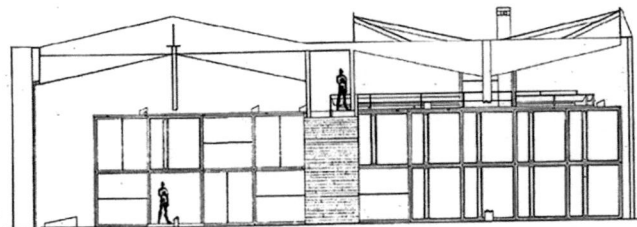

图 2-9　海德·韦伯展馆南立面
（来源：archdaily.com）

图 2-10　海德·韦伯展馆在建中
（来源：heidiweber-centrelecorbusier.com）

　　如前所述，柯布西耶将这种独立于底层结构的帐篷结构视为一种象征性的隐喻。他对这种源自希伯来庙宇的原始帐篷结构进行了多种变形，其中一种是由混凝土拱壳或钢索支撑的反拱结构[91]。著名的朗香教堂（La Chapelle de Ronchamp）的屋顶结构就是一个例子，它由两个6厘米厚的平行薄壳组成，其结构类似于飞机机翼，双层薄壳之间有2.26米的空隙，通过七根扁平的横梁和肋骨连接[92]（图2-11）。从视觉上看，屋顶呈向下弯曲状，如同一顶沉重的帐篷，将视线聚集到东端的祭坛和拇指十字架处；而墙体顶部的一道光缝，使得原本厚重的顶棚看起来仿佛悬浮在空中[78]（图2-12）。

图 2-11　柯布西耶绘制的结构概念
（来源：Curtis，William J. R. Le Corbusier：ideas and forms）

图 2-12　朗香教堂室内空间
（来源：Pauly，Danièle. Le Corbusier：the chapel at Ronchamp）

　　尽管采用了不同的结构材料和体系，弗兰姆普敦认为，新时代展馆的基本原型与朗香教堂的屋顶结构相似，两者均源自柯布西耶在《走向新建筑》中提及的希伯来庙宇的帐篷结构[29]。这种由拱、柱墩或底层架空柱支撑的悬挑结构，在之后的作品中频繁出现，如昌迪加尔议会大厦（The Legislative Assembly Building）和1965年的非尔米尼文化中心（Maison de Jeunes et de la Culture à Firminy），表明柯布西耶试图将这种形式确立为20世纪的神圣象征，相当于文艺复兴时期的圆穹[29]。除此之外，"帐篷结构"出挑的屋顶很好地适应了当地的气候环境，不仅保护建筑免受暴晒，还起到引导通风的作用，成为热带公共建筑的显著特征。

2.2 | 弗兰克·劳埃德·赖特：从"一元"到"二元"的建筑结构拓展

为了实现空间与结构需求的平衡，勒·柯布西耶和密斯·凡·德·罗提出了功能独立性的原则，将结构与空间视为彼此独立的元素。这一理念成为国际风格的基础，其具体表现是将"自主的结构系统"贯穿于"自由、抽象的空间"之中，结构仅作为空间的标点符号，而不是定义形式的内在秩序。相较之下，赖特的建筑作品则强调空间与结构的"有机"统一，体现为结构与空间的相互创造和融合。

2.2.1 弗兰克·劳埃德·赖特的"一元"建筑结构主张

1. 与芝加哥建筑的关联性

如前所述，勒·柯布西耶的框架结构设计理念并非直接借鉴芝加哥的钢骨架建筑，而是深受法国建筑师奥古斯特·佩雷（Auguste Perret）钢筋混凝土框架结构的影响。但是，芝加哥建筑确实展现框架结构和自由平面这两个现代建筑的重要主题。

现代主义建筑大师弗兰克·劳埃德·赖特（Frank Lloyd Wright）也与芝加哥建筑有着紧密的关联。虽然密斯与威廉·勒巴隆·詹尼（William Le Baron Jenne）的存在在一定程度上使得赖特的影响不是很容易识别，但其对芝加哥建筑的深远影响是毋庸置疑的。在形成自己独特的建筑风格之前，赖特的作品明显受到芝加哥学派前辈们的启发。赖特早期的一些摩天大楼设计，包括勒克斯费尔棱镜公司的摩天大楼（Luxfer Prism Skyscraper）、亚伯拉罕·林肯中心（Abraham Lincoln Center），以及1912年设计的旧金山新闻大楼（Press Building for San Francisco）都显示出芝加哥学派的代表路易斯·沙利文（Louis Sullivan）对他的影响以及赖特对这些特质的创新性应用[77]（图2-13、图2-14）。同时，赖特对芝加哥学派理念和形式的继承与创新，使他能够在早期作品中展现出现代建筑的雏形[13]。例如，赖特在1909年盖尔之家（Thomas Gale House）中，已经体现出1924年里特维德的施罗德住宅（Schroder House）所展示出的自由平面的组合方式，这一做法和框架结构一样成为之后现代建筑的重要语汇[77]。这种自由平面与框架结构的结合，成为现代建筑的重要特征，并预示了后来的建筑发展方向。

2. 与芝加哥建筑的差异性

一方面，赖特与芝加哥框架结构及国际主义之间存在关联，其早期的建筑作品深受这种结构原型的影响；另一方面，赖特的建筑中又呈现出前者不具备的结构与空间的整体性表达。

路易斯·沙利文"形式追随功能"的观点深受维奥莱·勒·杜克结构理性主义思想的影响[18]。他严厉地批判了当时欧洲的古典形式肤浅地嫁接至新大陆的建造策略，认为建筑

图 2-13 亚伯拉罕·林肯中心
（来源:《Architectural Review》）

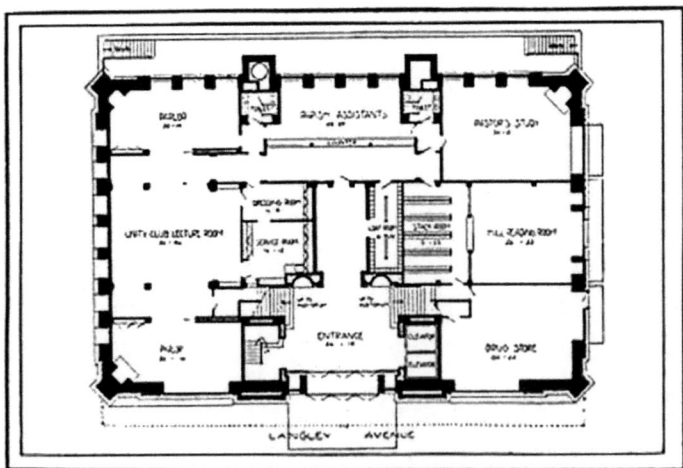

图 2-14 亚伯拉罕·林肯中心首层平面
（来源:《Architectural Review》）

的基本是实体的结构骨架，而非空间[93]。沙利文曾经说道，"当一根过梁被放置在两个柱墩之上时，建筑就诞生了，这是最好的证明"[94]。与沙利文相同，赖特在一定程度上也受到结构理性主义者的影响。他写道："建筑艺术是一种通过结构反映思想的科学艺术"[95]。

然而，与沙利文强调垂直性的"视觉结构"不同，赖特不倾向于直接展示结构，而是尝试通过装饰系统的巧妙运用，将结构体系真实、甚至是"超真实"地表达出来[93]。例如，在威利茨住宅（Willitts House）中，二层的工字钢梁被隐藏在吊顶内，支撑柱被覆盖在侧墙中。吊顶下方的两根与工字钢对位的装饰木构件以及与墙体脱离的装饰柱暗示了结构的存在。虽然结构未直接暴露，但通过这些装饰元素传达了真实的结构（图2-15）。可以看出，尽管赖特不执着于结构的外露，但这并不意味着他忽视了结构的形态表达。他对于建筑"整体"的完美无瑕有着苛刻的追求，而"整体"自然包括那些隐藏的结构体系[93]。例如，在草原住宅中，结构体系理性而清晰，与建筑整体的几何逻辑秩序相一致，甚至可以说结构逻辑主导了形式逻辑。沙利文及其追随者强调"结构自身"的表达，而赖特的目标则是"结构与空间整体"的表达。

另一方面，赖特对于标准化和机械化这两个构成"一元"结构基本观念的主题也有着不同的认识。这使他的结构理念与芝加哥学派和国际主义之间存在差异。赖特认为标准化应被应用于实践中，但不应主导创造过程[95]。赖特看重机械性，但并不认为"建筑是居住的机器"，他认为这

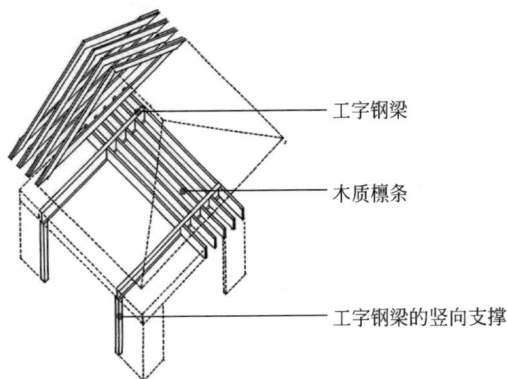

工字钢梁

木质檩条

工字钢梁的竖向支撑

图 2-15 威利茨住宅结构示意图
（来源: Edward R Ford《the detail of modern architecture》）

一想法毁掉了房子对于建筑师的意义[95]。他鼓励建筑师对机械化保持一种开放的态度，但他认为工业化应该被理解为一种方法和手段，而不是目标[32]。因而，与芝加哥学派和国际主义相比，赖特对机械化和标准化的认识都更为整体，这种整体性也是赖特有机建筑的一个重要方面。他认为建筑的精神应反映在其整体性中，"不可能认为建筑物是一件事，家具与装饰是一件事，环境的设计又是另外一件事"[95]。在这种有机的机械化和标准化观念下，结构不仅是支撑要素，更是建筑整体的"生长法则"。赖特通过结构这一语法，将建筑整合为一个有机整体，使平面、空间、结构、体块、功能紧密结合，外部形态与内部功能相互一致，这些特征构成了赖特"有机建筑"的核心[30]。

2.2.2 弗兰克·劳埃德·赖特建筑中的"二元"建筑结构拓展

每一种新的建筑形式都有其独特的语法结构和生成法则[95]。如果说框架结构是现代建筑的生成法则，那么悬挑结构则是赖特建筑的生长法则，相比于"静态"的框架结构，"动态"的悬臂母题在稳定与失衡之间创造出一种可以引发视觉冲击和情感共鸣的张力。这种悬臂结构使赖特在设计上避开了柯布西耶和密斯的影响，形成了不同于早期芝加哥的建筑语言系统，开拓了一种"非笛卡尔体系"的现代建筑语言系统。赖特的悬臂结构包括两种类型：草原住宅时期的外向悬挑结构和高层建筑中的树状结构。

1. 方盒子的拆解：外部悬挑的结构形式

在草原住宅时期，赖特打破了封闭的规则空间，通过墙体之间的错位和墙体与屋顶的分离，创造出连续流动的空间体验。这种方法与芝加哥学派和国际主义的单一结构叙事截然不同，形成了赖特独特的建筑风格。不同于解构主义的做法，这一时期的设计强调墙体的承重功能与空间限定元素的结合，这点也是赖特"有机建筑"重要思想的体现[30]。

从结构技术的角度，赖特为触发这种空间流动的悬挑结构做法找到了结构理性的依据。赖特认为建筑外墙角部不是最经济的结构支点位置，而每个墙体距离转角一定距离的区域，才是建筑最经济的结构支点。因此，他选择通过支撑点的内移，在转角处创造出一段悬挑，来缩小实际的跨度[95]。在草原住宅时期，他取消四个角部柱子的支撑，将屋顶做成悬挑结构。为了突出悬挑结构，在四角用了只有原来一半或三分之二高度的柱子，而且柱子比原来宽度大一倍或者更多，以此来引起人们对结构的关注[97]。

从空间的角度，赖特认为悬挑结构不仅是一种新的结构要素，也是新的建筑艺术。其通过屋顶的延展，以及转角空间的开放，打开了封闭的盒子式的建筑空间，使其与自然联系了起来[30]。他曾对塔里埃森的学生们说："……现在你们已经通过玻璃、悬臂梁，以及空间的感受而解放，你们已经和景观融为一体……你和树木、花卉和大地一样都是景观的组成部分……你们自由地成了自然环境中的组成部分，而我相信这也正是造物主的意图[32]"。以这一时期最具代表性的作品罗比住宅（Robie House）为例，可以看出悬挑的屋顶结构做法摒弃了传统结构理性的原则，无论是层次感的表达、悠长的悬挑还是蜿蜒的墙体，都反映了他对地形、地貌特征以及对草原文化的尊重[98]。

悬挑结构的做法在之后的流水别墅（Fallingwater）中获得进一步的发展而趋向成熟，成为赖特有机建筑的第二原则[①][97]。在流水别墅中，为了强调竖直和水平的节奏，赖特几乎去掉了其内部所有的墙体，仅由悬挑构件和玻璃窗形成遮蔽的感觉[29]（图2-16）。这种有机的设计方法不仅是一种空间和结构的结合，更是一种建筑的生长法则。通过结构元素和自然环境的整体设计，创造出一种具有生机的、动态的空间秩序。

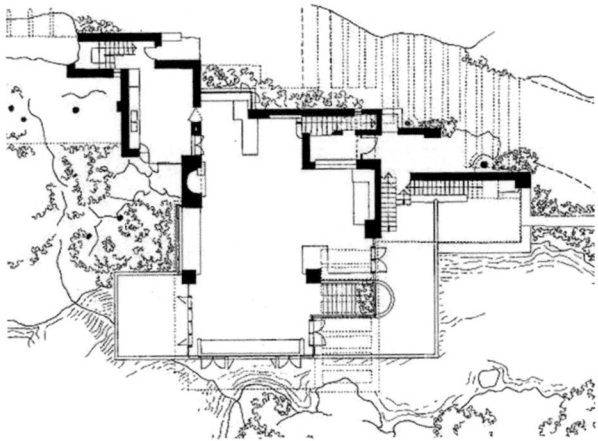

图 2-16　流水别墅
（来源：Eduardo Sacriste《Frank Lloyd Wright》）

2. 树状高层结构：内部悬挑的结构形式

在流水别墅之后，赖特意识到传统结构体系和建筑材料的局限性，开始摒弃草原建筑风格。这一时期，赖特的"有机建筑"理念特别强调树枝状的悬臂结构体系，这一概念虽与沙利文的胚胎生命主义有共通之处，但赖特将其发展为整体的建筑结构体系，而非单纯的装饰元素[29]。

赖特的转变，源于他在摩天大楼设计中的挑战。高耸笔直的摩天大楼与赖特推崇的"有机建筑"理念格格不入，同时，"连续性"和"可塑性"等赖特热衷的概念在高层建筑中难以表达。为了解决这些问题，赖特转向自然，从树木的结构中获得灵感。树木的结构类似于一根垂直的悬臂梁，其通过根部的稳定性来抵消风压等荷载，而雪和风的主要荷载则作用在悬臂的末端。上、下两种力的作用，以及无数植物纤维的相互约束，将树木形成连续的整体，呈现出一种微妙的力的平衡，这种平衡被赖特认为是"最浪漫、最自由的建造原则"[99]。

如前所述，赖特早期的摩天大楼项目很大程度上受到沙利文的影响，直到1924～1925年完成的美国国家人寿保险公司的摩天大楼工程（National Life Insurance Company Skyscraper project），赖特开始对先前的一些理念与元素加以拓展，形成由墩柱支撑的悬挑平台以及分层的室内空间等概念的综合[32]。不同于沙利文的框架结构做

---

① 整体性和由此产生的规律网格是第一原则。

法，没有柱子支撑外部墙体，而是将结构如树枝一般通过悬臂梁突出于中心支撑要素[94]。这座建筑革新了芝加哥地区的建筑传统，并开启了赖特独特的建筑发展路径。随后，赖特在许多作品中都采用了中央核心结构，进而围绕核心区发展不同的空间序列，这在一定程度上也解释了赖特不愿使用常规框架结构的原因。

在国家人寿保险公司项目中，未完全实现赖特追求的结构和空间融合的 "有机建筑" 状态，直到1929年的圣马可塔方案，这一理念第一次在大规模的建筑中得到清晰的呈现[77]。圣马可塔是赖特之后所有高层建筑的原型，抛弃了高层建筑的盒式框架，采用中心内核加放射状平台的风车状布局，并利用悬挑结构实现层与层之间的分离（图2-17）。虽然圣马可塔未能建成，但这一设计理念最终在美国俄克拉荷马州的普莱斯大厦（The Price Tower）中得以实现（图2-18）。赖特从一个旋转的正方形开始，将其划分为四个象限，形成风车式几何形状，取代了传统的钢框架设计。中空的混凝土柱包含了管道、电梯和空调系统，垂直的中间核心承担每层楼的重量，楼板像树枝一样从交通核向外悬挑，允许在楼层中间出现一些双层高的空间。普莱斯大厦完工于1956年，是赖特建造的唯一的摩天大楼，凝结了他对材料、空间、尺度和结构问题的毕生思考。

除此之外，在完成于1939年的约翰逊制蜡公司总部（Johnson Wax Headquarters in Racine，Wisconsin）的设计中，也展现出一种完全不同于芝加哥学派的结构概念，被视为对赖特技术想象力的讴歌[13]。这座建筑被其采用钢筋混凝土结构结合冷拔钢丝网

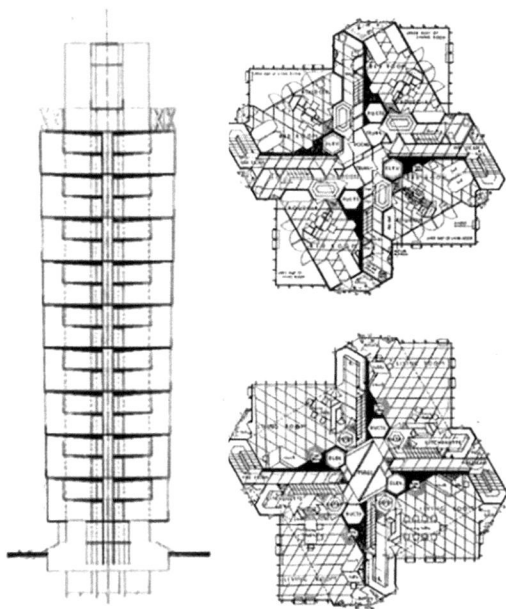

图 2-17　圣马可塔
（来源：W. J. R. 柯蒂斯，《20世纪世界建筑史》）

图 2-18　普莱斯大厦
（来源：W. J. R. 柯蒂斯，《20世纪世界建筑史》）

配筋，屋顶由超过80个细长的锥形混凝土蘑菇柱支撑①。其中基本单元的柱子铰接柱基支撑在青铜柱靴内，内部的空心部分成为雨水落管[29]（图2-19），顶部与玻璃管焊接在一起形成屋顶采光，创造出洞穴般的空间氛围。此外，作为这一项目的加建，在1946年完成的研发大楼中，赖特延续了圣马可塔的结构原型。将位于建筑中心的垂直核心作为唯一的结构支撑（图2-20），视为树干模拟物，固定在土壤中；楼板则像水平的树枝一样从中心树干延伸开来；建筑的外部表皮不承受任何载荷，仅由玻璃、金属铝、塑料或其他轻质薄材料制成；中央的主干是钢筋混凝土结构，包括所有的服务，如升降机井、管道、电线和管道[99]。

图 2-19　约翰逊公司总部
（来源：Eduardo Sacriste《Frank Lloyd Wright》）

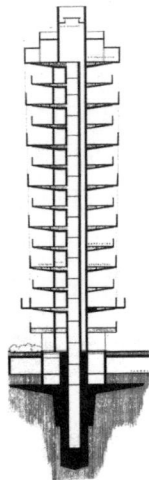

图 2-20　约翰逊公司研发大楼
（来源：archdaily）

可以看出，与草原住宅时期通过外部悬挑结构突破方盒子建筑的方式不同，高层建筑中的树形结构悬挑更多地隐藏在光滑的建筑表皮之下。赖特利用内部的悬挑结构以及有机建筑对自然界中动态平衡的合理转换，打破了框架结构单一、静态的组织原则和均质的空间形态，最终实现了空间与结构的相互融合。

2.3 ｜ 本章小结

本章以柯布西耶、赖特两位在现代主义时期颇具影响力的建筑师为线索，探寻在现代主义之后，以机械主义和框架结构主导的"一元"结构技术主流观念下，存在的"一元"

① 由于没有任何经验法则来计算结构，为了获得有条件的建筑许可，赖特不得不在现场竖立一根测试柱，最终证明结构柱能够承受数倍于它所需要承受的负荷。

结构到"二元"结构的逆流现象。通过两位建筑师的这一转向，印证了即便在"一元"建筑结构观念广泛形成的时期，仍然存在着与结构"二元性"相关的结构和空间、技术和文化整合等相关问题的探索。

从对柯布西耶的研究中得出，虽然多米诺体系在某种程度上促成了一种工具化的"一元"建筑结构，但柯布西耶本质上的结构观念并不是机械性的。柯布西耶的作品中存在的二元性，体现在他总试图从对立的两极来思考问题，每个新的设计进程都竭力去综合对立面，形成其在建筑观和世界观上的"二元"整合。这一点在他后期的作品中得到突出的体现。

赖特早期建筑当中的特质，是和他与芝加哥学派前辈之间的紧密联系息息相关的。在形成赖特式的独特世界之前，其作品深受沙利文影响，经常可以看到通用的混凝土框架结构；但在之后，赖特开始不同于芝加哥学派和国际主义建立在功能和效率基础上的建筑结构思考，呈现出一种结构与空间整体思考的"二元结构"倾向。其中，草原住宅时期是通过外部悬挑结构对方盒子建筑的突破；高层的树形结构的悬挑则更多是在光滑的建筑表皮下，利用内在的悬挑结构，打破框架结构一元的、静态的结构组织原则与均质的空间形态，形成空间与结构的完美融合。

最终，通过两位建筑师的转变，表明在现代主义时期"一元"的建筑结构观念只是一种选择，并不能囊括这一时期所有的建筑探索。

3

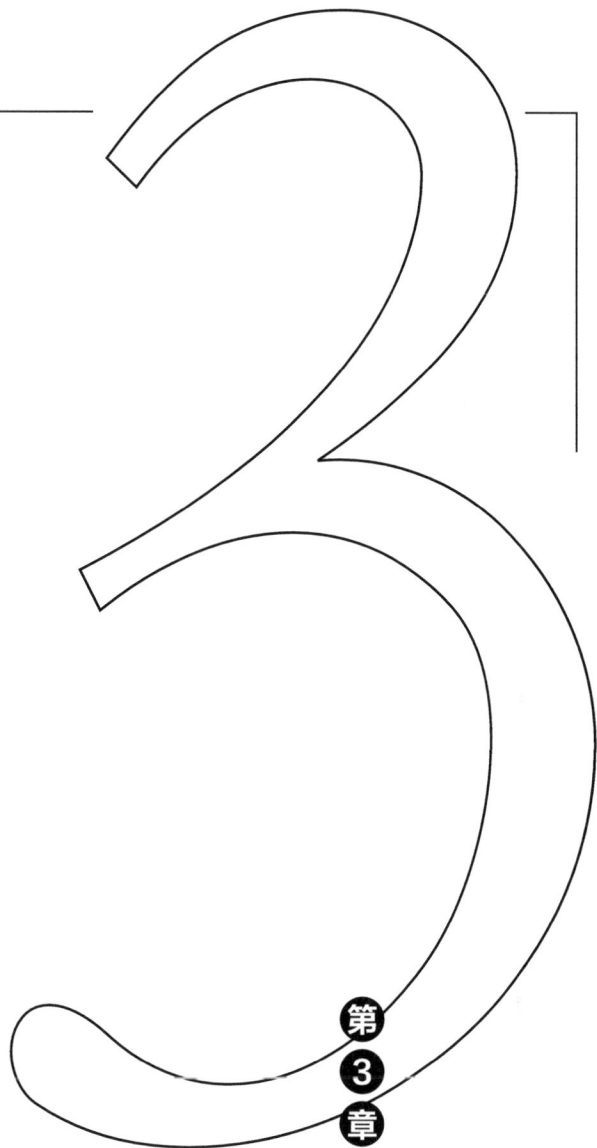

"二元"建筑结构下的
真实性与合理性反思

3.1 | "正确建造"观念的形成

用最少的材料、重量和能源实现最多。

——富勒

合理性（Rationality）的概念在过去的 2500 年中发生了许多的变化[10]。然而，无论在怎样的时代背景下，结构合理性的首要任务始终是安全和稳固。正如维特鲁威时期的结构缺乏精确的控制和可量化的力学模型，但"坚固"始终被视为建筑的核心要素。

到 18 世纪末，结构作为独立的范畴，其结构合理性的定义和标准变得更加明确。这一时期，建筑领域的结构合理性主要体现在结构效率与经济性上，即通过最少的材料实现最大的承载能力，以及确保结构形态与受力相一致。理性主义者们认为"建筑形式不仅需要理性来证明其正当性，而且只有当其法则是从科学推导出的，才能被视为是合理的[19]"。现代计算方法被用来验证哥特式建筑的骨架结构，使其成为结构合理性和效能的代表。自此结构合理性开始具体地指向结构效率与材料的真实性，并且这一过程进一步被科学和数学方法量化。尽管古典理性主义和哥特理性主义之间存在显著差异，但它们都认可建筑通过最经济的结构形式实现最佳表现这一理念[19]。

18 世纪晚期，铸铁结构的引入使材料重量成为影响经济性的关键因素。与木梁、石梁不同的是，铸铁结构成本的增加与铁的重量直接相关。因此，18 世纪 90 年代，建筑工程领域开始探索最轻结构，以减少柱梁的材料用量。19 世纪 30 年代，伊顿·霍奇金森（Eaton Hodgkinson）和威廉·费尔贝恩（William Fairbairn）开发了经济高效的梁结构。19 世纪中期之后，最小的质量成为大跨度屋面结构的主要目标，此时的"科学"和"高效"也成为合理性的代名词。这一观念使得"19 世纪和 20 世纪的合理性被视为科学技术的附庸，与古希腊时期轻视效率标准的合理性观念截然不同"[10]。

到 19 世纪 60 年代，工程计算几乎被应用于与建筑设计相关的各个领域。随着技术至上思潮和大规模生产需求，基于科学和经济性的结构合理性观念及相应的美学表达得到了广泛认可和更加精确的把握。意大利工程师皮埃尔·路易吉·奈尔维（Pier Luigi Nervi）和美国工程师大卫·比林顿（David Billington）对此作出了明确的解释。奈尔维指出："建筑物无论规模大小，都要满足功能需求，具备坚固和耐久的基本属性，同时以最少的经济投入实现最佳的视觉效果"，并将这些条件概括为"正确的建造"[21]。大卫·比林顿进一步提出了"正确建造"的三要素，他认为，结构艺术是那些在"效率、经济和美观"三方面都达到完美的工程[51]。其中"效率"指最大限度发挥材料的作用，使建筑形式与材料性能和结构承载极限完全契合；"经济"指低成本的材料使用和成本控制；"美观"则是建立在材料的结构效率和经济性基础上的附加价值，是效率和经济双重标准的结果[110]（图 3-1）。

结构理性的观念与 18 世纪中叶科学技术的发展紧密关联，使其自然而然地建立在理性与逻辑的基础上。结构效率、经济性等主要的影响因素都是在工具理性之下的经济学概念，即以最少的材料获得最大的抗力及最少的投入获得最大的产值。因此，大多数情况

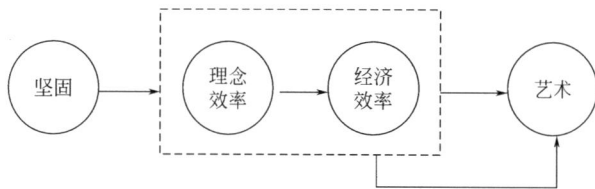

图 3-1　"正确建造"标准下的合理性与美观

下，这种结构合理性的认识仅属于工具理性和目的理性的范畴，这使得结构合理性的评价很难脱离技术单一层面的评判标准。

3.2 | "正确建造"与"美观"的相关性与矛盾性

3.2.1　质疑与批判："正确建造"作为"美观"的充分条件

如前所述，在传统的结构合理性观念中，效率与经济性等基于经济学的概念成为评价结构优劣性的标准。在这一状态下的"美观"问题也被认为是机械性标准的产物，通过将结构的效率直接导向结构审美的表达，或者将美观问题排除在结构合理性的评价体系之外。虽然这种过于片面的理性原则，不能等同于 20 世纪工程师们基于技术原则建立的结构艺术的观点，但却是现代主义初期乃至当下普遍存在的工程评价标准。瑞士结构工程师康策特（Jürg Conzell）也曾对这一现象提出质疑。他认为，这种仅强调功能和实用性的结构工程具有一定的优势，其基于客观性的方法可以确保工程项目的成功，同时推理演绎的解决方案也可以避免争议；然而不能因此否认我们周围的大部分工程结构所具有的外观形态和美学价值，只是我们普遍接受将科学和可计算的结果作为它们的外观和生成的充分理由[62]。

然而，是否可以通过一种"正确"的机械性标准直接获得"美观"的结果？这一问题的答案通常是否定的。首先，在结构效能和相关建造需求下，会呈现出不止一种结构方案。很多时候设计师的逻辑，尤其是现代主义时期，只是需要以技术的标准来为他们的理念正名①。例如马塞尔·布劳耶（Marcel Breuer）在1925年设计了一把椅子，宣称这把称为B3的椅子（图3-2）的每一部分都是一心一意"摒除异想天开，走向理性科学"的努力之结果，是全世界第一次清醒、逻辑地解决了"坐的问题"（图3-3）。事实上，椅子内部材料和外部身体感受之间的关系是无法通过计算获得的，"科学仅凭自身无法决定我们的椅子看起来应该什么样"[111]。在一些以结构问题为主导的工程项目中也存在类似的

---

① 由于在美学上的仲裁者无迹可寻时，用科学的语汇避开恶意的评论者，说服犹豫不决者。

情况。通过对20世纪美国两位工程师奥斯玛·安曼（Othmar H.Ammann）和戴维·斯坦曼（Louise Steinman）的作品进行对比，大卫·比林顿发现两者在相同的建造准则和工程理想下得出不同的形式，进而提出"在结构方面没有所谓最适条件，只有很多合理的选择，这些选择为每个设计者提供了表现其个人思想的自由[110]"。

图 3-2　马塞尔·布劳耶 B3 椅子
（来源：https：//www.sohu.com/）

图 3-3　女王式扶手椅 & 高背温莎扶手椅
（来源：德波顿《幸福的建筑》）

另外，结构的美观问题和某些特定的技术属性之间的确存在依赖关系，如和谐、对称、平衡等是客观存在于物体本身的品质；但这些无法为结构指定一条精准的美学规则。例如，奈尔维虽然宣称1889年巴黎博览会的机械馆是"严格按照力学和结构逻辑建造的大跨度建筑"，但也承认，"其整体和细节的比例是自由的，取决于设计者的灵敏和感觉"[21]。比尔·阿迪斯（Bill Addis）曾提出虽然"材料的经济性""连接处的优雅和简单""结构动作的使用和表达（或隐藏）的技巧和清晰性"等可以接近结构的美学，但还有其他评判标准，这其中包括"评判环境中的建筑和雕塑等结构的标准"[112]。尼古拉斯·佩夫斯纳（Nikolaus Pevsner）说道："虽然现代主义建筑师认为工程师被称为真正的设计者，而且技术上高效的一切都被称为美的，但工程结构绝不会因其是工程的正确性就是美的。虽然它们时常很美，但这种美要么是因为其建造者们对于形式设计有一种显著的才能，要么是因为科学传统发展的结果，这种结果只是在时光流逝中所演变出来的一种符合要求的、针对所有事物的工业化形式，即标准类型和规范"[10]。

综上所述，高效与美虽然具有一定的相关性，但两者不具有必然联系，甚至可以说正是追求效率与经济性的单一目标，使得丑陋的工程实践层出不穷。因此，技术上正确的"良好技术"不能作为"美观"的充分条件。

3.2.2　质疑与批判："正确建造"作为"美观"的必要条件

如前所述，虽然作为结构艺术先驱的大卫·比林顿和奈尔维也认为效率作为"美观"充分条件的观点具有明显的不合理性，但他们仍然坚持审美评价需要依附于结构效率，只有在结构效率与经济性层面具有优越性的结构，才有可能成为美观的结构。大卫·比林顿认为，美观是基于效率和经济的"凭其本身的质量而成为其自身的东西"[110]，也就是说美观是效率与经济标准之下的因变量。同样，奈尔维认为："一个技术上完善的作品，有可能在艺术上效果甚差，但是无论是古代还是现代，却没有一个从美学观点上公认的杰作，在技术上不是一个优秀的作品。由此看来，良好的技术对于良好的建筑来说，虽不是充分的，但却是一个必要的条件[21]"。他曾批判埃菲尔铁塔一层下面的半圆拱，是力学上的"多余之物""对形式主义的让步"，其做法对塔形态的宏伟感和简洁造成损伤，他认为没有拱，塔的表现力会更好[21]。

然而"正确"和"美观"是一回事吗？诚然，在很多时候奈尔维和大卫·比林顿所说的结构技术在效率和经济性方面的"正确性"与空间、形态等非技术属性对"美"的需求是相和谐的。例如，马亚尔的萨尔基纳托贝尔大桥（Salginatobel Bridge），在各种荷载作用下得到最合理的形态，成功地将三铰拱受力逻辑的结果转换为结构形态（图3-4）。通过机械层面的极致表达，得到了与以往的桥梁完全不同的、优雅的、与周围山谷环境相适应且非常经济的设计方案[113]（图3-5）。这些优秀的工程作品确实可以表明"建筑功能、结构力学、艺术效果三者之间必然存在着紧密关联"[21]，即使是基本的、最技术性的结构性质，通过建筑方法的保障也会有助于实现理想的建筑艺术效果[21]。

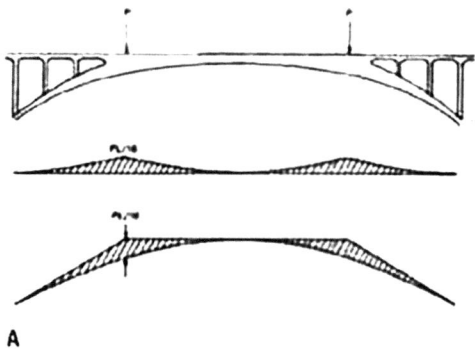

图 3-4　萨尔基那峡谷桥弯矩图
（来源：Billington D P.《 The Art of Structural Design：A Swiss Legacy》）

图 3-5　萨尔基那峡谷桥
（来源：Billington D P.《 The Art of Structural Design：A Swiss Legacy》）

但更多情况下，如果要满足情感层面的需求，通常在一定程度上无法实现技术上的最优解，当然这并不意味着对安全性与稳定性等基本力学原则的违背，而是表现为一种力学上的复杂性或者是对于结构真实性的偏离，而更为常见的是一个建筑中通常会同时出现这两种情况。对此，鲁道夫·阿恩海姆（Rudolf Julius Arnheim）认为，"我们无法保障物理公式会自动生成符合视觉效果的形态，即无法保障结构看起来像其该有的样子"[114]。他认为计算的真实性与我们对重力视觉感知之间存在差异。因此，即便是主张结构理性的工程师们，在很多时候也"不得不"将前面提及的两种状态进行叠加，或者说是采取"结构赤字①"的方式抵达其所期待的美学境界。同时，从另一个层面，建筑不仅仅包含由稳定性、平衡感等要素形成的客观美，也包括由空间感知、设计概念等形成的主观美。因而，对于建筑结构"正确"与"美"关系的讨论远不止于此。例如，在瑞士维勒高中（Wöhlen High School，Switzerland）屋顶的梁结构设计中，卡拉特拉瓦（Santiago Calatrava）为了模仿琴弦理念不介意多增加一些无用的材料，虽然这部分构件没有真正起到结构作用，却在视觉上起到了建筑某些部分连接和过渡的美学作用，使其成为一个完整的结构表达[34]（图3-6）。

奈尔维也意识到问题的复杂性，他认同"力学只是指出明确的方向，形式的细节及其相互关系是人为的选择"，但他仍然相信这一切仍然要建立在"正确"的标准之下[21]。正如他所说，"力学原则已经提供了艺术上的表现力，我一生之中从未偏离过这一工作方式"[21]，因此这种由于美学等情感方面的原因导致"结构赤字"是奈尔维所不能接受的。相比之下，爱德华多·托罗哈（Eduardo Torroja）提出一种更具包容性的观点。他认为，一方面，审美在结构的机械属性之外，美学需求和机械需求时常是矛盾的……，同时美学可以为经济因素所牺牲，而要体验一个精心设计的结构，也必须为此付出（结构效率与经济方面的）代价；另一方面，他也承认结构的审美与结构的机械属性之间存在关联，但这种相关性并没有发展到要求一件作品如果要美丽，就必须严格按照力学强度要求的最佳形式进行调整的地步[115]。与奈尔维不同，托罗哈认为在结构形式能够应付由于结构赤字产生的多余材料重量的情况下，结构形式可能偏离"最佳形式"具有完全的合法性，应该承认基于直觉的主观美[17]。

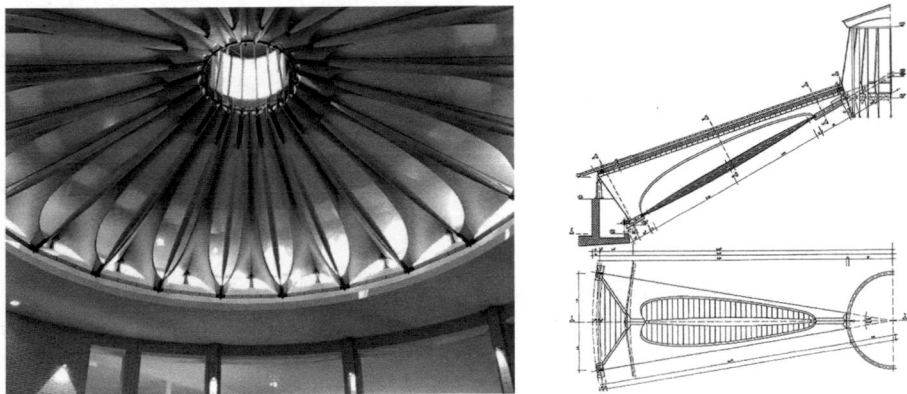

图3-6　瑞士维勒高中屋顶结构
（来源：https://www.northernarchitecture.us）

综上所述，20世纪，技术在艺术中达到了一种生成原理的地位。技术美学给人的印象是数学的、是"构造的自然逻辑"，但其仍然存在多种可能性。换句话说，计算只是一种经过直觉和发明的结构系统的控制手段，形式服从表达的要求，而不是计算，人们无法

---

① 结构赤字：结构偏离结构计算的最优解。

将结构与空间现实分开[114]。同时，普遍存在于建筑设计中的技术正确与审美美好之间的矛盾，也可以说明即使结构在特定的情况下发挥了最大的效能，从技术层面被评价为代表着"正确建造"标准的良好工程，结构的美学价值也不会自动生成（图3-7）。

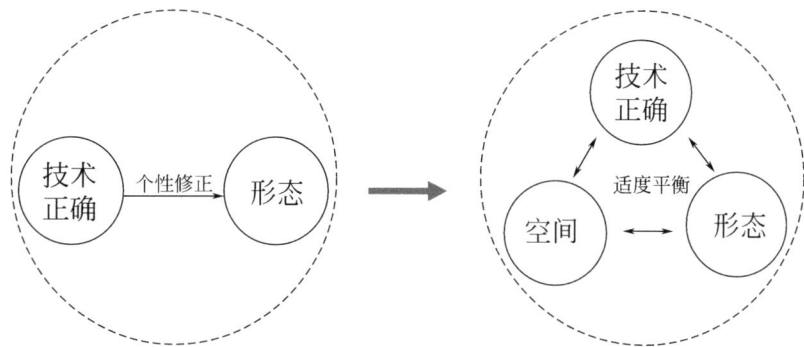

图 3-7   "技术正确"与形态关系的转变

3.3 | 从"正确"地建造到"恰如其分"地建造

奈尔维指出，在他的时代，"建筑评论总是关注美学或形式主义，很少从技术角度进行理解与评论"[21]。为此，他提出了"正确建造"的理念，认为美学评价应基于"正确建造"的原则。然而，在当下对于建筑结构的评价中，却出现了与之相反的情况，通常只从工具理性的角度评估结构的技术价值，而忽略了对形态，特别是对其在空间方面的评价。

在哲学领域中，对合理性问题的讨论一直存在着批判理性（对人道负有义务）和工具理性（对效率负有义务）之争，以及马克思·韦伯（Max Weber）对价值合理性和目的合理性①的区分[118]。片面的工具理性强调手段（技术上的）合理化，并成为一种改变世界的动力学，常常被用作对自然的统治工具。同时工具理性也被视为人与自然、技术与生态等当下诸多问题的诱因，而受到尖锐的批判。但人们逐渐发现工具理性本身没有问题，问题在于把工具理性当作理性全部内容的狭隘认识。事实上，工具理性只是构成理性世界的一部分，或者说是合理性的"默认的初始状态"[120]。其处于所有合理性理论的交集之内，各种在对于合理性更为宽泛的描述中都包含了工具理性的内容[119]。这一论点的出现，使得对于工具理性的批判逐渐弱化，促成了目的合理性与价值合理性从绝对的对立逐渐走向动态的共存。于尔根·哈贝马斯（Jürgen Habermas）认为合理性的定义"不是一种抽象的体系，而是某种动态的、不断发展的东西"[121]。他所提出的交往理性中最重要任务就是"在工具合理性和实践合理性之间、在控制和理解之间寻求一种合理的平衡"[120]。

---

① 以追求最大效果的手段达到特定目的的合理性。

不可否认的是，结构效率始终是结构设计的重要指导原则和结构形态的影响因素。尤其是对于当下物质和资源严重消耗的时代，对于能源的可持续利用显得更加重要。此外，对单一的技术合理性的批判不能等同于应用规范性要素进行分析和计算的方法是对结构创造力的阻碍。相反，科学和理性是结构空间性与诗意的基石，很多建筑设计由于缺乏结构理性原则而成为失败的作品。可以说正是结构的理性与规则性对建筑的先天限制，赋予其技术与人文的双重魅力。也就是说，"理性主义仍然是，并且应该永远是任何正确建筑理论的支柱……，因为不管建筑与感情之间的结合探索得多么深刻，建筑与科学之间的结合还必须永远是其存在的最终基础"[19]。然而，结构效率并不是影响结构技术正确性的全部内容，同时建筑的结构效率也不能直接导向结构形态的生成。结构效率之外的耐久性、审美价值、文化背景也是构成结构合理性的重要内容[48]。

正如哲学领域从单一维度的工具合理性到更为综合的交往合理性的呼吁。当下的结构合理性需要在这样一种更具包容的合理性观念中，形成更加多元化的结构评价方法。如前所述，结构效率的追求作为结构合理性评价的重要因素具有一定的合法性，但对结构效率最大化的追求必须在与其他因素的平衡状态中。抵达结构安全性的道路有很多条，工具理性的直接投射或许指出了在结构效率或经济性衡量标准之下最便捷的道路，但却将结构设计的发展陷入僵局。对此日本结构工程师佐佐木睦朗（Mutsuro Sasaki）提出，结构应该回应建筑的变化，包括人对于空间和建造形态感知的偏好，对于个性和创造力的追求需要建立在力学合理性的基础上，形成社会感性对结构合理性的"不过分修正"[66]。

因而，结构的合理性不能被限定在工具合理性的狭窄领域中，而需要从技术－自然－社会的活力整体中进行综合的评判；并通过合理性观念的拓展，将"正确"地建造转变为"恰如其分"地建造，从追求力与美的单一对应关系转变为追求力与美的多维度平衡（图3-8）。

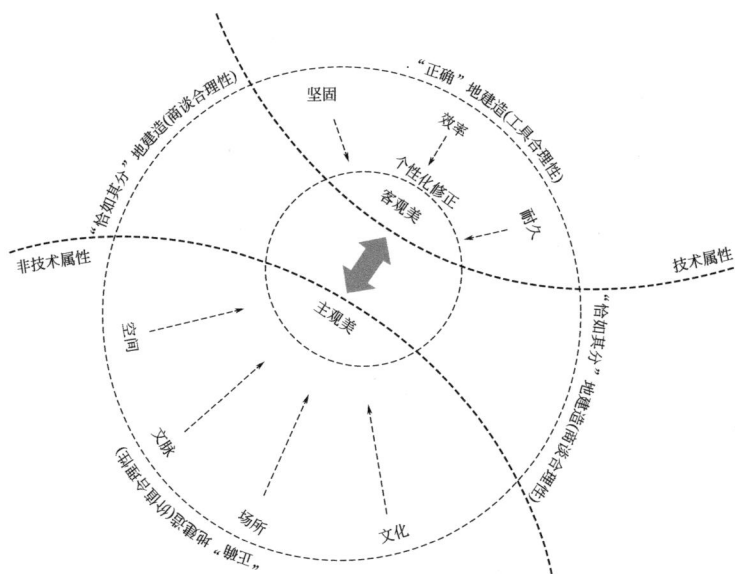

图3-8   "正确"地建造与"恰如其分"地建造

3.4 | 真实性和欺骗性的分离

18世纪50年代，在科学思潮的影响下，对建筑真实性的讨论逐渐趋向一种以技术理性为基础的结构真实性原则。虽然这一转变引导建筑脱离了传统原则的束缚，同时促进了结构效率与经济性的提升，但也在一定程度上打破了建筑和结构之间的整体性，使得结构逐渐发展为仅提供支撑功能的技术要素。本书将讨论如何在结构合理性的基础上通过对真实性和欺骗性的重新审视，建立一种更具包容性的结构真实观，达成建筑与结构的整体建构。

3.4.1　16 ～ 18世纪中期的建筑真实性与欺骗性

在二元对立的理论里，真实与虚假通常被视为一对相互矛盾的概念，但在16 ～ 18世纪中期，建筑领域里的真实性与欺骗性是可以共存的。这一时期，建筑与结构之间不存在明显的划分，结构真实性的观念尚未形成。受到新柏拉图主义以及维特鲁威建筑理论的影响，建筑的思想家和写作者提到的"真实"，都是指对建筑的自然范本的真实再现[12]。这种再现自然的活动既包括石材对木构建筑的直白模仿，也包括建筑对自然之物的秩序与和谐原则的类比模仿[12]。例如，文艺复兴时期重要的建筑师安德烈亚·帕拉第奥（Andrea Palladio）认为建筑是模仿自然的，不能背离自然本身所允许的做法，而古代建筑师刚开始用石头建造过去用木头建造的房屋时，就是以自然树木为范本确立了柱子形态的基本规则[122]。

尽管如此，文艺复兴与巴洛克建筑师都充分意识到："建筑制造的是一种人为的现实，它关注的主要是建筑看起来怎么样而不是它实际上到底如何。因此，他们根本不觉得在这种虚假与所谓的真实性之间有什么冲突之处[123]"。从17世纪到18世纪，真实性不仅可以与虚假共存，"甚至人们普遍接受建筑既是真实的也是虚假的艺术"。意大利建筑师瓜里诺·瓜里尼（Guarino Guarini）曾写道："建筑，尽管他依赖数学，却是爱与风采的艺术，其中感官不想被理性厌恶"[12]。

3.4.2　结构真实性与欺骗性

建筑真实性和欺骗性分离的根本原因在于"真实"的重新定义[12]。18世纪中期，随着科学价值观的形成，以及哲学概念中美与真的分离，人们开始尝试通过理性的方法建立一种新的建筑观念。对于建筑真实性的讨论逐渐转变为以理性与逻辑原则为基础的结构真实性，即"结构外在形式的表现与它内在的结构体系一致，或符合它的材料的性质"[12]。相对应的，约翰·拉斯金（John Ruskin）对结构欺骗性的定义是"提示了某种并非真正方式的结构或支撑方式"[12]。其中包括：结构的构件形态不遵循其内在的力学机制和材料特征，或者在建筑外在的表现形式中刻意暗示其他类型的支撑模式，以及为了达到审美的需要将部分或全部支撑手段与方法隐藏起来等违背结构真实性原则等做法[124]。例如，虽然圣保罗大教堂通过采用悬链线的做法，创造出古典建筑中质量最轻的穹顶结构，但由于真正的屋顶支撑体系被隐藏在由木桁架搭建的虚假外壳之内（图3-9），而被新哥特式和现代运动的理论家谴责为违背了结构真实性原则的"赝品"[125]。

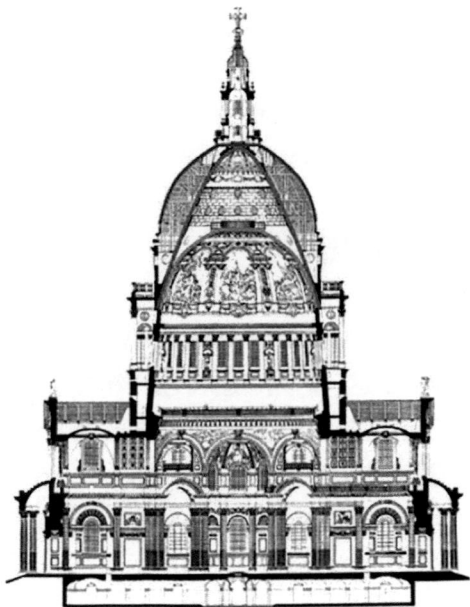

图3-9　圣保罗大教堂屋顶结构与覆层的关系
（来源：《Model perspectives：structure，architecture and culture》）

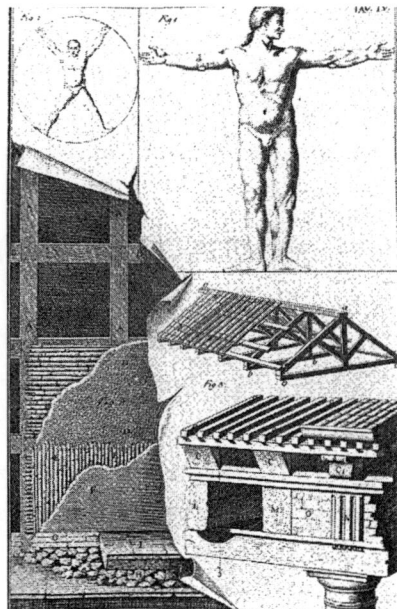

图3-10　多立克柱式的三陇板和托块
（来源：《The Roots of Architectural Invention》）

结构真实性的探索正是出于对"建筑是欺骗的艺术"这一观点的挑战。卡罗·洛都利（Cario Lodoii）是发展出这一新的建筑真实观念的第一人，他试图通过科学理性的思考方法，将力学与材料特性作为石构建筑与装饰的形式来源，以摆脱维特鲁威所谓的古希腊与罗马石构建筑与木构建筑之间的形态模仿①（图3-10）[43]。劳杜里将这一理性原则建立在将建筑二分为"功能"②和"再现"的基础上，认为没有任何在功能上不真实的东西应该被再现。在劳杜里的理论中，建筑美只能从真实中产生，而"真实性"是指"功能"与"再现"的统一[12]。这一真实性原则在之后的建筑理论研究中得到进一步继承与发展，并在19世纪由维奥莱·勒·杜克（Viollet-le-duc）提出系统的结构真实性理论[123]。勒·杜克以中世纪哥特建筑为范本，进一步指出科学与几何应该作为建筑真实性的标准，"提倡建筑形式是结构材料的受力性能的真实表现，那些经由静力学得来的规律，自然会促进建筑的真实表现——忠实性"[126]。奥古斯都·佩雷（Auguste Perret）、弗雷内西

---

① 维特鲁威认为多立克柱式的三陇板和托块的手法源自对木构装饰的模仿。
② 洛都利的"功能"借用了数学里的"函数（function）"，他想表达的"功能"是指存在于建筑构件里的结构作用力与材料的综合作用。［12］福蒂 A. 词语与建筑物：现代建筑的语汇［M］.北京：中国建筑工业出版社，2018：159.

（Freyssinet）和其他人将勒·杜克的这种真实性观点与预制混凝土技术结合在一起，使得这些观点影响了20世纪20年代的法国和意大利的现代主义建筑师[12]。在这一过程中，结构逐渐发展为效率与经济需求下的支撑工具，在柯布西耶的多米诺体系中，建筑成为两个独立的系统——结构被简化为纯粹的技术性问题；美学系统被提升为一种抽象的形式组合，包括自由的平面、自由的立面、材料肌理和色彩的表达[33]。

3.4.3 结构真实性的纯化

20世纪50年代，随着钢筋混凝土材料和静力学理论的发展，结构的真实性原则更加精准地指向数学和物理的"真实"，这一时期"建筑的形态几乎就是力的图解，形式可以在建筑的内外同时被阅读"[25]。一些工程师开始尝试将这种更加趋近客观"真实"的结构与审美需求整合在一起，形成一门独立于建筑之外的结构艺术。例如由皮埃尔·奈尔维（Pier Luigi Nervi）设计的都灵劳动宫（Palazzo del Lavoro）的夹层采用梁肋屋面系统，其梁肋的形体与结构内部的等应力线[①]保持一致，反映了双向混凝土板真实的结构行为，同时这种由力图自然生成的有机形态，又赋予结构艺术性的表达（图3-11）；罗伯特·马亚尔（Robert Maillart）设计的塔瓦那萨桥（Tavanasa Bridge），大胆地去除了一切的装饰面层，真实地反映力学作用的结构形态，创造出简单、明朗而轻盈、飘逸的结构形态[14]（图3-12）。

图 3-11　都灵劳动宫
（来源：《Pier Luigi Nervi : architecture as challenge》）

图 3-12　塔瓦那萨桥
（来源：西格弗里德·吉迪恩《空间·时间·建筑：一个新传统的成长》）

除奈尔维和马亚尔之外，西班牙的结构工程师费利克斯·坎德拉（Felix Candela）、爱德华·托罗哈（Eduardo Torroja），以及瑞士工程师海因茨·艾斯勒（Heinz Isler）等，都在这一时期创造出很多兼具结构真实性与艺术表现力的设计作品。这一类以工程师为主导的建筑作品，充分利用混凝土的塑性与结构找形的方法，突破了多米诺体系的结构

---

① 具有相等应力值的点连接起来的线称为等应力线。

范式，使得结构的设计和思考从单纯的技术层面上升到美学高度。但也不乏在一些情况下，由于过度追求力图的表达，导致了结构真实性需求与建筑整体需求之间的矛盾，最终偏离了结构经济性的初衷[15]。此外，这种致力于结构表现的作品大多属于桥梁、仓库、体育场馆等以结构占主导且功能和空间较为单一的建筑类型，而在更为复杂的建筑需求下，力与美的完美契合总是短暂的。

3.4.4　结构真实性和欺骗性的叠加

这一真实性逐渐纯化的过程，引导建筑脱离了文艺复兴的古典建筑原则和巴洛克建筑的随意性，使得结构的效率与经济性获得大幅度的提升。然而这种更加客观、绝对的真实性原则也在一定程度上剥离了结构在技术体系之外的丰富性，进而导致了建筑与结构在设计层面的分离。尽管这一时期的工程师们试图重新为工具理性的结构赋予审美价值，但最终只是一场在理性主义孔径之下，由结构工程师主导的独角戏，难以形成结构和建筑的整体思考。

也正是由于这样的原因，在结构真实性的发展与纯化过程中，始终伴随着各种各样的质疑与反对。但无论如何，真实性始终是结构设计的重要原则，比起对结构真实性彻底地否定，更有价值的主张是通过真实和虚假的叠加，形成一种更具包容性的真实观来调和这种对立的矛盾关系。例如，建筑理论家奎特雷米尔·德·昆西（Quatremere de Quincy）曾试图维护两者的统一，反对这种新的更加绝对的真实[12]。拉斯金作为表现真实性①的支持者，也在一定程度上表达出对结构欺骗性的接纳。他认为"如果结构能在感观和头脑中引起审美反映"，那么这种欺骗性就是合理的[12]。杰弗里·斯科特（Geoffrey Scott）写道："如果始终被捆绑在所谓结构真实性上，并且其含义不过是任性地坚持建筑中结构和艺术的需要只能由单一和统一的手段来满足，它就会步步受限制，以致无法追求结构的美"[127]。他曾以米开朗基罗（Michelangelo）设计的圣彼得堡教堂为例进一步论证这一看法："圣彼得堡教堂穹顶的美在于它自身的提炼以及那些看起来在控制和支撑其实体的生动有力的曲线之中。而事实上米开朗基罗在赋予这个穹顶在建筑艺术上的效果时，恰好与一个穹顶的科学需要发生了矛盾。也就是说这个看起来具有超绝力量感的体量实际上是虚弱的。因此米开朗基罗不得不用巨型的铁链来控制它的结构形态。然而如果按照结构上自足的拜占庭穹顶结构去做，所形成的就是一个无生命、无意义的皇冠。即便获得了结构的真实性，却失去了结构的生动性"[127]。

真实性和欺骗性的叠加在建筑实践中更多地表现为一种立足于建筑整体的真实观，即其所强调的结构的"真"不是对力学逻辑与建造原理的精确再现，而是在尊重客观真实性的基础上，通过与欺骗性的叠加，揭示其中所蕴含的感知层面的"真"。例如瑞士结构师约格·康策特（Jürg Conzett）曾借用地图学家爱德华·因霍夫（Eduard Imhof）的观点表达他对于结构真实性的看法。因霍夫教授支持数学的理性，但认为这一切要建立

---

① 表现真实性是指，一个作品的感觉忠实于它的内在本质或它的制作者的精神。

在人感知的基础上。例如，在他绘制的地图上光线是从北方照射过来的，即便在现实中这从来不会发生，但更好地表达光的印象这种做法被认为是合理的。他认为："决定把什么去掉与把什么留下同样重要，人们无法看到的在任何情况下都不应该被呈现出来，宁可这里的本质是要意识到被欺骗的可能性"[62]。在康策特的设计中也没有按照通常人们所理解的结构真实性原则理性地呈现每个细节，而是更多地聚焦于那些可以被人们理解的有意义的因素。例如在奥托广场大楼（Ottoplatz Building）的设计当中，为形成建造底层的大跨度空间，在立面通过斜向的拉筋与预应力楼板形成高达三层的巨型桁架剪力墙（图3-13）。从立面上看，可见的墙、板等结构要素与真实的受力部分是一致的，但承担主要结构功能的预应力筋是隐藏的，奥托广场大楼没有全依照结构真实性的原则将内在的力学机制完整地表达出来（图3-14）。尽管如此，人们还是可以通过立面上对角线的关系感知到一种隐含的斜向作用，可以说在感知的层面上，整个结构是真实可信的。

图 3-13 奥托广场大楼
（来源：Michel Carlana，Luca Mezzalira.《Forms of Structures-Jürg Conzett，Gianfranco Bronzi-ni，Patrick Gartmann》）

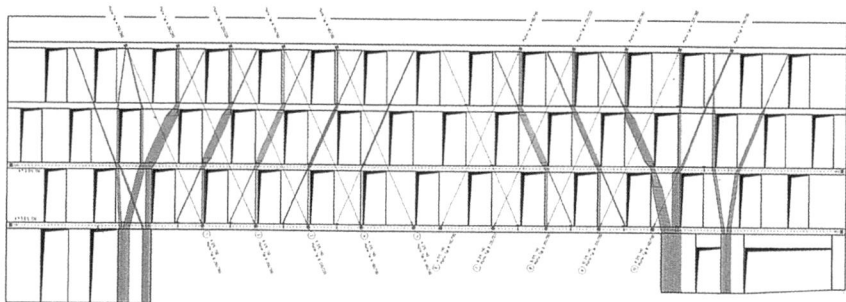

图 3-14 奥托广场大楼结构示意图
（来源：Michel Carlana，Luca Mezzalira.《Forms of Structures-Jürg Conzett，Gianfranco Bronzi-ni，Patrick Gartmann》）

图 3-15　卡瓦内拉斯别墅屋面结构形态
（来源：Cruvellier，Mark.《Model perspectives：
structure，architecture and culture》）

奥斯卡·尼迈耶（Oscar Niemeyer）设计的卡瓦内拉斯别墅（Cavanelas house）也存在某种结构真实性的偏差。这座建筑看似清晰的结构语言其实是一种欺骗性表达，与其内在真实的力学机制并不一致。从外观来看，这座房子的屋顶似乎是悬空的，倾斜的扶壁就像房子两侧的桥墩，拉紧的屋顶结构似乎是锚固在其上，它柔和的曲线轮廓暗示了垂直支撑点之间重力向下拉的印象（图3-15）。同时屋顶纤细的桁架呈现出轻盈的状态也加强了这种预判的视觉效果。但真实受力机制却要复杂得多，屋顶结构由4根主纵梁和15根次横梁组成，受力状态混合了梁、悬链线，以及拱的作用机制。中间的两根纵梁为三跨梁，所承担的荷载比边缘梁多一倍，同时为了保持屋顶结构在视觉上的连续性，边缘的主纵梁和次横梁也统一处理成相同厚度（图3-16）。可以说，尼迈耶利用丰富的材料使用经验，通过各种各样的伪装使得他想要的视觉形态和空间效果打破了静力学法则的束缚[77]，使得内在的力学差异与结构的复杂性都被一种简单、纯粹、充满欺骗性的形式语言所掩盖（图3-17）。然而，比起单一层面的结构真实性，这种让人产生"误读"的结构"欺骗性"，更好地实现了结构和建筑形态、空间需求之间的平衡，形成一股盘旋于理性与情感之间的张力。

图 3-16　卡瓦内拉斯别墅结构
（来源：Cruvellier，Mark.《Model perspectives：structure，
architecture and culture》）

图 3-17　卡瓦内拉斯别墅远景
（来源：Cruvellier，Mark.《Model perspectives：
structure，architecture and culture》）

路易斯·康（Louis Isadore Kahn）的金贝儿美术馆（Kimbell Museum）在多个方面突破了固有的结构真实性原则。首先，这座建筑所呈现出来的结构形态与其内在的力学原则并不一致。其屋面的拱顶并不是真实的拱结构,而是由混凝土梁内置预应力做成的假拱(图3-18)。其次,拱形屋面顶部的天窗使得拱形梁在应力最大的区域减少材料,违背了结构内在的力学原理。虽然最终拱形梁的结构形态按照结构师奥古斯特·克门丹特(Auguste komedant)的意图呈现出与力学逻辑一致的变截面形态,但依照康对于线条和比例的感觉,他想要的是一个更为简洁的、具有均匀厚度的、可以忽略受力特性的轮廓线[128]。他曾经对结构设计师奥古斯丁说:"在当时部分完成的博物馆里,光线和空间的质量足够漂亮,以至于在那一刻,他愿意牺牲结构的真实性"[77](图3-19)。金贝儿美术馆的结构形态并没有完全遵循内在的力学机制和材料特征,康用一种非常人文主义的方式来回应结构的真实性问题——"他拥抱结构真理,但同时意识到人对表达的诠释掌管着结构"[77]。斯科特也曾从心理体验的角度对结构中的欺骗性给予肯定:"对于那些未被觉察的欺骗,对那些不涉及稳定性及体量感的事物——这些欺骗的心理效应是可忽略不计的,即使在这里也是可允许的"[127]。

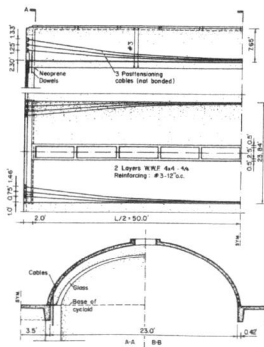

图 3-18 带后张拉索的变截面拱形梁结构
(来源:Komendant A E.《18 Years with Architect Louis Kahn》,http://architecture-history.org)

图 3-19 金贝儿美术馆室内空间
(来源:Komendant A E.《18 Years with Architect Louis Kahn》,http://architecture-history.org)

"完整意义上的结构"包括"可知"与"可感"两个部分,"可知"的部分"只能服从机械法则",而"可感"的部分"服从于心理法则"[127]。18世纪以来结构可知的部分在科学的发展下得到充分的发挥与表达,而可感的部分时常处于被压制的状态。通过结构真实性与欺骗性的叠加在结构合理性的基础上重新把结构的"可知"与"可感"整合在一起,将数学与物理的结构转变为重力与几何的结构。

3.5 │ 本章小结

本章对建筑结构的两个评价标准——结构的合理性与真实性问题进行研究。在阐明"一元"建筑结构合理性与真实性来源及其具体内容的基础上,对其进行拓展形成以建筑整体为目标的"二元"建筑结构体系下，更加包容和多元的结构合理性与真实性观念，以此作为"二元"建筑结构的研究基础。

1. "二元"建筑结构合理性的重建

对于建筑而言，将结构效率的追求作为结构合理性评价的重要因素具有一定的合法性，但对结构效率最大化的追求必须在与其他因素的平衡状态中。这一部分提出从"一元"建筑结构的合理性到更多元、更具包容性的结构合理性，从"正确"地建造到"恰如其分"地建造，从追求力与美的单一对应关系转变为追求力与美的多维度平衡。

2. "二元"建筑结构真实性的重建

绝对的结构真实性通过力学原理的物化，获得了结构效率与经济层面的最优解。但完整意义上的结构，除了真实性主导下的技术属性，还包括欺骗性所指向的非技术属性。相对于单一层面的、确定的真实，我们更需要一种多元与开放的结构真实观，来平衡技术与情感需求之间的矛盾。诚然，真实性是结构效率与安全性的基础，但真实与虚假叠合的部分，赋予了结构在技术理性之外的生命力。这需要将想象的承重关系叠加在真实承重关系的理解之上，通过不同感知方式的共同作用形成整体的结构表达。

第 **4** 章

「二元」建筑结构与空间的整合

4.1 | 结构技术属性

结构依据的原则受自然法则所影响，所以在实现建筑涉及的各种约束中，结构是绝对的准则[130]。正如本书3.1节关于结构合理性的讨论，从结构技术角度对于合理性的要求包括坚固、耐久、功能和效率，即技术需求需要分别对应"正确建造"里的坚固和效率需求。因而对于结构技术性内容之一的结构效率的讨论，是在坚固性所包含的关于平衡、稳定、强度、刚度等需求满足的前提下实现的。

4.1.1 结构的四种特性

人体是一种高度灵活的结构，除了能够作为静态的支撑，还可以通过调整姿势来平衡内部的张力和压力，从而以多种方式施加和传递荷载[23]。然而，建筑结构则不同，它们缺乏这种可变性。建筑的各个元素必须在固定形态下承受各种可能的荷载，以保证建筑的支撑。因此，建筑结构必须具备以下四个基本特性：平衡性、稳定性、强度和刚度。

1. 平衡性

建筑结构在承受外部荷载时，必须保持平衡。这意味着建筑物的结构布局和基础连接方式必须能够与基础的反作用力相匹配，达到完全的平衡状态。此外，结构中的每个单元也必须与整体结构紧密连接，以确保在任何可能的加载条件下都能维持平衡状态。用力的多边形可以解释这种情况：如果作用在自由物体上的力在矢量方向上互相抵消，并形成一个闭合多边形，那么该结构就是平衡的[58]。平衡是确保稳定性、刚度和强度的基础。

2. 稳定性

结构的稳定性是设计的核心，尤其在维持结构完整性和抵抗外部荷载方面。一个稳定的结构在受到轻微干扰后，能够迅速恢复到原始状态，而不稳定的结构则可能进入新的稳定状态。实现结构稳定性的方法有很多，除了常见的刚节点连接，还可以采用剪力墙和斜撑等方法[37]，这些方法不仅提供结构支撑，还能影响空间布局（图4-1）。墙体在水平方向上具有一定的刚度，因此被认为是稳定系统。此外，支撑框架作为横向荷载系统也是有效的，可以防止组件在侧向荷载作用下倾覆。与剪力墙相比，支撑框架可以在保持水平刚度的同时，避免视觉上的障碍。

图4-1 增强结构稳定性的三种方式：斜撑、剪力墙、刚节点
（来源：D. L. 斯科台克，《建筑结构：分析方法及其设计应用》）

为了实现结构的稳定性，可以在基本方法的基础上进行一些变体（图4-2）。在同一个结构系统中，可以在不同方向使用不同的稳定装置（图4-3）。对于较大的结构单元集合体，可以选择在外边缘或内部的局部区域设置稳定装置，具体方案取决于空间和结构的双重需求。最终判断结构稳定性的方法是：无论实际施加的荷载模式如何，如果结构能够在三个方向上抵抗所有作用力，那么该结构就是稳定的。

3. 强度

在确保结构几何形状稳定的前提下，构件和节点的强度和刚度问题同样重要。结构强度指的是结构在不发生完全破坏的情况下能够抵抗荷载的能力。确定结构所需的尺寸通常需要通过详细的结构计算来实现。在计算构件强度时，必须确保截面的最大内力值不超过其抗力值，即材料强度和截面面积的乘积。因而，在材料强度一定的前提下，可通过调整截面面积来达到强度的要求。

在结构的拉、压、弯、剪、扭五种受力状态中，轴心受拉是最理想的受力状态，特别适用于钢索等抗拉强度高的材料。轴心受压虽然也需要采用适当的截面形式，但由于截面材料得以充分利用，也是较好的受力状态，尤其适用于石材、混凝土、砌体等抗压强度高但抗拉性能较差的材料。弯、剪这两种受力状态对截面材料的利用不充分，且对截面形式和结构形态要求较高。对于较大跨度结构，通过将弯矩和剪力转化为轴向拉、压的受力状态，可以显著提高结构效能，优化受力状态。

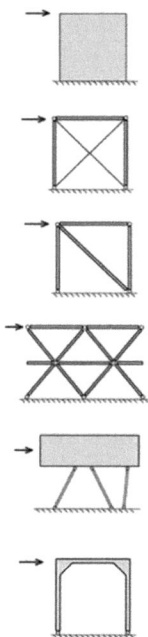

图 4-2　侧向支撑变体
（来源：Sandaker，Bjørn Normann《The structural basis of architecture》）

4. 刚度

刚度是指在外部荷载作用下，结构系统能够限制变形的能力。刚度不仅能控制受力构件的变形，对于超静定结构，结构体系的内力分布和引起的结构变形也通过刚度来控制。因此，在结构设计过程中，通常将刚度控制的变形因素作为结构设计的第二极限状态加以控制。

随着高层建筑的发展和高强度材料的应用，为满足特定强度要求，构件的截面尺寸逐渐减小，因此刚度和变形问题变得更加突出。实际工程中，通常通过以下三种途径获得适宜的刚度：增加预应力、改变结构传力路径和调整约束条件。首先，预应力对提高结构刚度有显著作用，因为预应力可以产生与外力弯矩相反的附加弯矩，从而提升结构稳定性。其次，通过缩短传力路径可以获得更大的结构刚度。在相同荷载条件下，传力路径较短的方案能够提供更大的结构刚度。因此，在结构布置时，通常通过优化传力路径来增加刚度。最后，通过改变结构体系中端

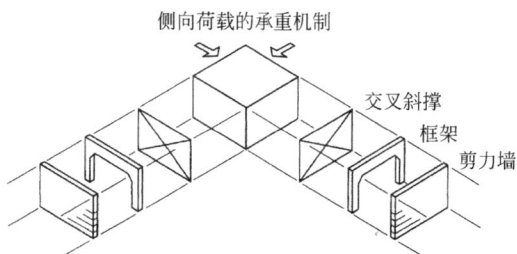

图 4-3　多种侧向支撑做法的混合
（来源：D. L. 斯科台克，《建筑结构：分析方法及其设计应用》）

部的约束条件，可以实现内力数值和内力分布的调整。内力数值较小、内力分布均匀时，结构刚度会更大，这也是结构设计的重要原则。

4.1.2 结构体系的全局效率与形态

1. 体系的划分

结构效率是由结构或构件的容重比决定的，结构设计需要通过结构的形式和几何来获得刚度和强度，而不是质量和尺寸。因此，结构的几何特性与荷载的配置关系尤为重要，同时结构效率与力流的传递方式有着紧密的联系。海诺·恩格尔（Heino Engel）认为结构的本质是力的改向，不同的力流改向方法引发结构内部不同的应力状态[130]。提出了"力的调整、力的分解、力的约束、力的分布、力的聚集五种力的改向机制，分别对应于结构体系受推力作用、结构体系受向量作用、结构体系受截面作用、结构体系受表面作用、结构体系受高度作用五种力的改向机制"[130]，并在此基础上依据结构的几何特性划分为19种结构类型——由此形成了结构分类学的基本框架。

虽然，海诺·恩格尔把结构划分为5种作用机制，但实质上不同作用机制之间存在紧密的联系，并且都是基于梁、拱、桁架这三种基本结构行为的拓展。桁架也可以视为其他几种结构机制矢量化的结果，它使力的传递在既定角度所分配的材料内以矢量传递来提高结构效能[131]。通过对梁、拱、桁架这三种基本结构行为进行面系和竖向拓展，形成面作用和高度作用。面作用机制在两个轴向的连续性，使其具备对于压力、拉力及剪应力的面抗力。截面作用结构体系机制，与诸如连续梁或铰接钢架形态作用或向量作用结构体系的机制一样，都能以结构面的词汇来表示。换言之，所有的结构体系均能以面作用的部件来阐明，于是可以将面作用结构体系作为超结构[130]。高层建筑本身并没有固有的工作机制，高度作用可以说是形态作用与截面作用进行面系和空间拓展的结果，是包含形态作用、向量作用、截面作用或面作用等体系的多种力量改向及传递的机制。

2. 结构效率的影响因素与比较

由于建筑结构的传力路径受到其空间使用条件的限制，主要影响结构全局效率的是内力分布状况。相同荷载条件下，传力路径越短，应力分布越均匀，整体的结构效率越高。具体而言，内力的分布与其内部产生的应力类型有关，由于在均布荷载作用下轴向力的分布是不变的，弯矩的作用有很大变化，从而带来材料的浪费。因此，弯矩作用对于结构效率的提升是不利的。因而，轴向力作用为主的结构体系，在结构效率方面明显优于弯矩作用下的结构体系[17]。

安格斯·麦克唐纳（Angus J. Macdonald）把只受轴力作用①且形态随着力的作用做出调整的结构机制称为活性机制，对应于力流改向表格中的形态作用结构机制；非活性，是指只有弯曲型内力发生的结构类型，对应于截面作用下的梁及其面系拓展之后的二

---

① 基本组件主要受单一的法相应力，即压力或压力；属于单一应力条件的结构体系。

维平面板结构；介于两者之间同时具有轴向力和弯矩作用的结构类型称为半活性机制[17]。同时，麦克唐纳认为向量作用虽然只受轴力作用但形态无法回应外部荷载，因而不属于活性结构，属于这两种结构机制的矢量变形。可以将这种矢量化的方法视为一种技术上可以适应更高效的基本结构原则的设计策略，即根据潜在的最低能量定律来分配结构元素中的材料。

具体而言，单纯从结构效率出发，活性结构最理想的结构形态是索拱形态。当拱的形态与所承受荷载的索形一致时，在结构内部不存在弯矩作用，结构所用材料也得到充分的利用。当拱仅承受自重时，其索形是悬链线的状态，当拱受到均布荷载的作用时，其呈现出的是抛物线的外形，不同荷载作用下的索形各不相同。但这并不意味着拱的形态一定与索形一致，只是在非索形结构中由于存在弯矩作用，构件的尺寸要相应增大；而与索形相一致的拱形，因其内部只产生与原悬索拉应力等值的压应力，因此从力学效能角度最为合理。

非活性结构的梁的行为属于截面作用机制，需要将竖向的作用力转变为水平作用力，使这些力得以沿着梁的轴向传递至结构构件端部。结构体系承载机制是压应力、截面压力、剪应力三者协同作用构成，达到抗弯强度和外界旋转力平衡。结构体系受到截面作用的容重比较低，为了获得结构效能的提升，通常需要增加预应力技术或通过与向量作用、面作用等其他结构体系共同作用来取代巨大的梁截面形态。

矢量作用结构体系通过两根或更多的杆件将外力分解成数个方向，再以适当的反向力来保持平衡，以实现力的改向方式。其结构内的压力与拉力杆件依某种方式安排，并铰接于体系内，形成不需中间支承就能传递荷载跨越长距离的机制。矢量化可以将弯矩转化为纯轴力，从而提高结构效率；但与实心构件相比，矢量作用的结构形式由于节点位置的薄弱，并没有形态作用的结构效率高。如前所述，这种力的改向方式受反向力的作用，但其无法通过形态回应外部荷载的变化，而是作为其他结构机制矢量化的结果，通常应用于非活性与半活性结构当中。

综上所述，在特定条件下活性结构的效率高于半活性结构，更高于非活性结构，同时相同活性区域的结构随着结构维度的增加结构效率也会获得相应的提升（表4-1）。然而由于建造的简便性或者空间功能的需要，不得不选择一种相对理想状态而言较为低效的结构系统。在这种情况下需要进一步增加结构尺寸，或通过提高构件和节点局部效率的方式以满足结构的基本需求、提升结构的效率。

4.1.3　结构构件形态的优化

结构效率的概念首先关注整体形式，通过比较不同的结构体系，找出全局效率最优的方案。如前所述，梁柱结构的整体效率通常较低，但即便在这种情况下，仍可以通过优化设计，提高结构系统各部分的效率，以弥补全局效率的不足。这种优化方法包括沿构件轴向的内力分布调整、截面形态的优化，以及矢量化、复合化的方式。

不同结构类型的结构维度拓展　　　　　　　　　　　　表 4-1

结构动作	截面作用	向量作用	形态作用	效率
活性区域	非活性	半活性	活性	
线性构件				
水平拓展				
面系拓展				
三维拓展				

1. 截面优化

材料在横截面上应尽可能地发挥作用，以提供最高的抗弯刚度。通过分析横截面应力和弯曲应力分布可以发现，实心矩形截面的材料利用效率较低，大部分材料处于应力不足状态，主要荷载由顶部和底部的高应力区承受。I形梁和箱形梁通过去除应力不足的材料部分，仅保留能提供必要强度的部分，显著减轻结构自重，从而提升整体结构效率。在板形构件中，实心板的材料利用效率低于部分材料移除后的情况。当二维平面的薄板被拓展为折叠型或波浪形时，有效截面高度增加，其结构强度相当于同等厚度的实心板，但自重显著减轻，获得更高的结构效率。然而，并非所有的结构构件都能通过复杂的截面形状来提高局部效率，复杂的截面形状可能会降低施工的技术效率。

2. 内力拟形

在等截面梁的设计中，截面尺寸通常是根据弯矩和剪力的最大临界值来确定的，这导致在轴向应力较小的区域出现大量材料冗余。从材料利用的角度来看，这是一种极其低效的结构形式。为了提高抵抗弯矩荷载的能力，可以对构件沿轴方向的形态进行调整和优化，使横截面材料性能得到充分发挥。考虑到结构材料的可塑性，这一策略在大跨度混凝土结构中得到了广泛应用。例如，德国克瑞西海姆高速公路桥（Kirchheim Overpass）就是这一设计方法的典型案例。工程师约格·施莱希（Jorg Schlaich）利用索支撑梁体系的有效性，采用外包混凝土的预应力钢绞线形成的肋支撑梁体，根据均布荷载下梁的弯矩图，保持跨中下悬的形式。在弯矩为零的点，混凝土梁最薄处为0.95米，而在中间弯矩最大的点上，厚度增加至1.74米[132]。通过这种设计，梁的材料得到了充分利用，并创造了独特的桥梁形态（图4-4）。另外，约翰·富勒（John Fowler）和本杰明·贝克（Benjamin Baker）设计的福斯桥（Forth Bridge）也是通过对连续梁的弯矩图进行拟形，得出了合理的结构骨架形态（图4-5）。这种设计方法不仅提高了材料的利用效率，还形成了美观且具有功能性的结构形态。

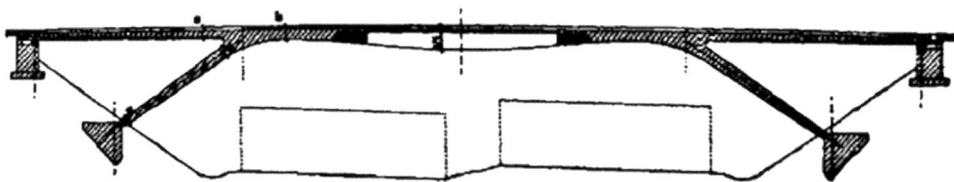

图4-4　德国克瑞西海姆高速公路桥
（来源：戴航、高燕《梁构·建筑》）

3. 矢量化

罗伯特·勒·里科莱（Robert Le Ricole）曾经说："结构的艺术是如何以及在哪里放置孔洞"，因而其关注的是空的部分而不是实体的部分。三角桁架就是将这一原则发挥到极致的构造方法，它通过矢量化的原理将弯矩转化为纯轴向力，从而提升结构效率。虽然与实心构件相比，矢量作用的结构形式由于节点位置的薄弱，并没有形态作用的结构效率高，但仍然可以通过矢量化设计策略来优化材料的分配和使用。例如，GMP建筑事务所设计的柏林奥林匹克体育场的改建设计（Olympic Stadium, Reconstruction and Roofing），通过这种方法生成高效的悬臂桁架（图4-6）。

图4-5　福斯特桥的力学模拟
（来源：http://artsandculture.google.com）

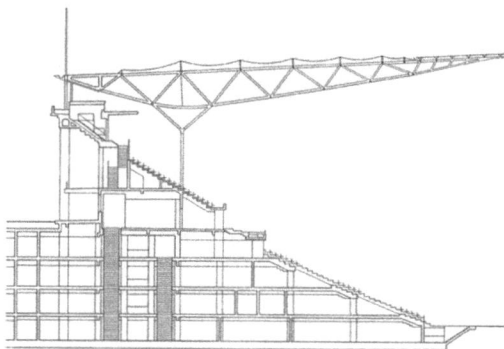

图4-6　柏林的奥林匹克体育场
（来源：Archdaily）

4. 复合化

通过将拉压两种结构作用叠加，可以形成一系列相反的力量来减少或抵消临界力。在钢结构和钢木混合结构中，常见的做法是通过拱和悬索在支撑处形成反向水平力，或通过梁、板和钢架等截面作用的结构机制与形态作用的索组合形成张弦结构。这种体系利用撑杆连接抗弯受压构件和抗拉构件，通过在抗拉构件上施加预应力，减轻压弯构件的负担[133]。

在混凝土结构中，钢筋混凝土梁本身就是一种复合结构，混凝土在受压区具有良好的抗压性，而钢筋在受拉区承担拉力。然而，这种钢筋与混凝土的组合机制仍然是被动的工作状态。相比之下，预应力技术具有更高的优越性。通过对固定在梁端部的高强钢丝进行预先张拉，使混凝土或受拉部分的混凝土受到预压力，从而部分或全部抵消低效荷载下混凝土产生的拉应力[134]。这一方法不仅可以提高截面刚度和降低结构挠度，还能节省材料，形成视觉上较为轻盈的结构形态。

尽管结构的内力分布与形态之间存在对应关系，但在实际设计中需要从更全面的角度反思这一做法。例如，虽然结构拟形可以提升材料利用率，但并不意味着所有的梁必须完全遵循其弯矩图的形状。对于结构形态的判断，需要结合结构跨度的需求，综合考虑效率与复杂性、建筑美学和实用性等非技术因素。然而，本节内容中所讨论的结构效率对结构形态的基本要求和控制力仍然是影响结构设计的重要因素。虽然形式不是作为技术的因变量而存在，技术需求在因果条件下生成的形也不是结构选择的唯一结果，但技术需求始终是形式主要的生成动力。

4.2 | 结构技术的空间属性与技术属性的整合

建筑是空间组织的艺术，它通过结构表达自身。[22]

——奥古斯塔·佩雷

结构不仅仅是支撑建筑物的框架，它在创造和定义空间方面也起着至关重要的作用。除了基本的承载功能外，建筑结构还通过组织和框架塑造空间，甚至通过夸大其存在，使其成为空间的主要元素。因此，结构的形态和布局在很大程度上受到空间使用功能的影响。在讨论空间时，不仅要考虑其物理层面，还要考虑感知层面的精神性。这意味着结构的空间性包含两方面：一是空间的实际功能，二是影响结构形式的非实用功能。前者包括结构的使用效率和实用性，后者则涉及结构在视觉和感知上的影响。因此，对结构的理解和评价需要综合考虑这些因素。

4.2.1 结构技术与空间在功能层面的整合

建筑结构的基本功能是将垂直的重力荷载转换为水平力，并根据空间需求将其传导至地面，从而解决重力作用与人类活动之间的矛盾。这种矛盾体现在，尽管结构的存在是为了满足空间的实用需求，但实际应用中，结构通常无法按照最短的力流传递路线将荷载从其作用点传递到地面。虽然结构的形态布局首先要满足实用需求，其次才考虑技术需求，但结构有时也会对空间功能产生干扰[34]。

从现代建筑开始，建筑师如勒·柯布西耶、密斯·凡·德·罗和伦佐·皮亚诺等通过将结构置于建筑外围，创造出开放而灵活的空间。这种方法在多层建筑和大跨度建筑中增加了结构的尺寸和复杂性，无法作为普遍的解决方案。因此，在设计阶段更综合地考虑结构的技术需求和空间的实用性是更为有效的做法。

1. 结构尺寸

当建筑结构不仅作为支撑要素，同时作为空间构成元素时，必须从技术和实用性两个方面考虑其尺寸。这不仅包括结构的实体部分，还包括孔洞部分。例如，巴黎拉德芳斯大拱门（The Grande Arche de la Défense），由建筑师约翰·奥托·冯和工程师埃里克设计，其结构设计考虑到人在内部的活动，形成开阔的空间，使人能够在大梁之间和梁内部自由穿行。为实现这一目标，他们采用了无腹式桁架梁（Vierendeels），在梁的矩形开口处形成门洞。我们在上层室内空间体验到的，实际上是这个悬于公共广场之上、横跨70米的巨型横梁组成的空间。

2. 几何构形

虽然，如本书4.1节的论述，对于特定的结构类型都有其相应的最高效的结构形态，但通常对于结构形态的思考不仅仅是从技术的需要出发，而是技术与非技术双重作用的结果。其所呈现出的结构形态时常是在满足实用性条件下对"最佳结构形态"的偏离。例如，从纯粹的机械角度来看，仙台媒体中心（Sendai Mediatheque）非规则的变截面结构柱似乎是不合理的。这些结构柱的布局和尺寸与它们所承担的楼面荷载不一致，一些细长的柱管在上一层比下一层更宽，这与自然的结构形态相反（图4-7）。

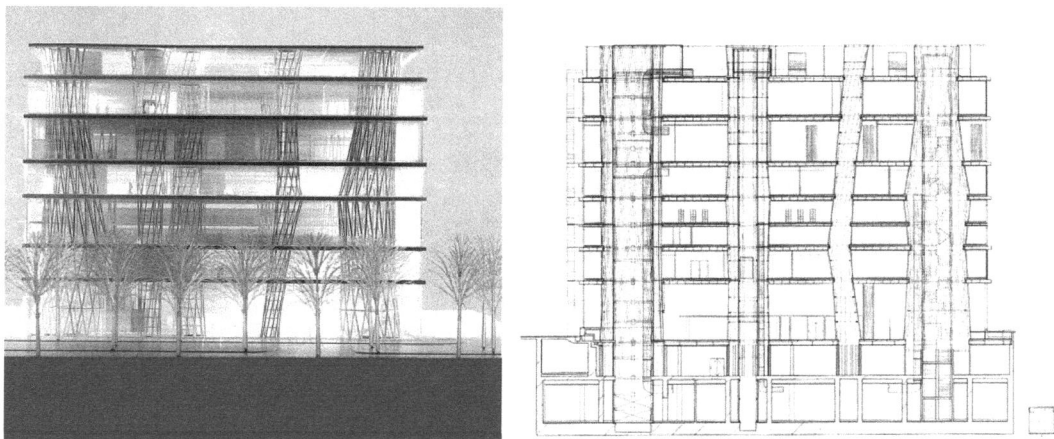

图 4-7　仙台媒体中心
（来源：http://allarchitecturedesigns.com/）

　　尽管这些空心柱的宽度并不直接反映其强度，但这也无法从机械层面解释其合理性。当我们将这些结构视为内部循环的竖井、管道及垂直交通时，发现它们的宽度与所支撑的载荷量无关，而是与功能和空间环境相关。因此，在这个案例中，空间功能的设计优先于物理规则。

3. 功能组织

　　结构的秩序是一种上部松散，下部密集的秩序，但有时为了满足空间功能，需要将大空间功能置于底层，小空间功能置于上层。这种空间功能与结构秩序的矛盾需要通过"实用性优先"的原则来解决。例如，苏黎世体育馆（Hardturm stadium）是一座包括购物、停车、酒店等多种功能的体育场馆。设计师将这些功能与体育场看台整合，使建筑的实用性与结构技术相协调。具体来说，建筑功能分为三个层级：顶层为媒体设施、酒吧和VIP服务中心，中间层为室外看台区域，底层为停车场和商业区（图4-8）。底层采用常规的混凝土框架结构；顶层为五边形环形梁，每条边由独立的核心筒支撑，形成双向悬臂结构，并在转角处设置铰接[①]；中间层的看台由顶层悬臂梁支撑，通过滑动轴承连接一个轻钢

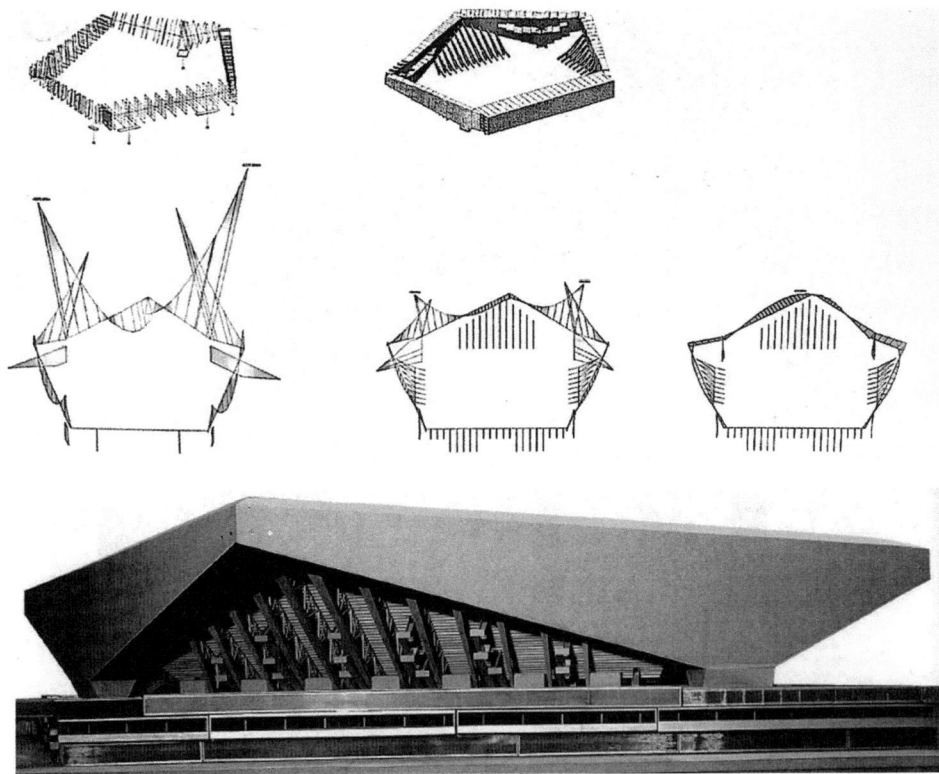

图4-8　苏黎世体育馆
（来源：Jurg Conzett M M，Bruno Reichlin.《Structure as space》）

---

　　① 顶层的环梁以类似于格伯梁的方式从一个柱子跨到另一个柱子，梁的扭转刚度允许它承担悬臂钢屋顶结构的约束力矩。依据格伯梁的受力原理，环梁的高度在五边形的转角处最小，在支座端最大，从而形成向柱子方向线性增加的形态，最高的位置尺度超过 20 米。

结构（图4-8）[62]。设计师将顶层巨大的结构尺寸转化为酒吧和VIP服务中心空间，充分利用了承重结构的潜在用途，增加了建筑空间的丰富性和整体性。尽管结构秩序的反转对设计提出了挑战，但这种非常规的功能需求激发了结构的创造性。通过综合考虑技术需求和空间实用性，建筑设计不仅解决了结构与空间的矛盾，还实现了功能和美学的统一。

4.2.2 结构技术与空间在知觉层面的整合

通常结构会位于建筑的外围，或隐藏在外围护结构当中，以降低结构对空间完整性的干扰。但也存在一些情况，建筑师会将结构作为一个独立的空间要素，使结构从外围的支撑物转变为占据空间的主体，通过结构要素对空间氛围的影响形成更为丰富和多变的空间层次。通过古希腊与罗马建筑空间可以明显地看出结构对室内空间发展的意义。罗马时期将古希腊的回廊移入室内就意味着人已经进入了一个围合的空间[135]，另外室内柱廊的设置形成了空间的透明性和空间导向[136]，极大地丰富了罗马时期室内空间的层次。由此可见，结构与空间的关联性不仅涉及空间的功能层面，还涉及功能问题。有很多作为空间要素的结构构件，并不具有实用性和物理学的需求，更多是作为结构对于空间的定义，即关于身体感知层面以及精神层面的理解而存在。

在绪论开篇部分谈到的承重墙、板、壳等面系作用的结构体系与建筑围护体系，具有同样的形式特征而被认为是最为普遍的，可以同时作为结构和空间要素的类型。除此之外，梁、柱、拱等线性的结构要素也具有同样的二重性。正如克雷兹所说，"对于空间的限定，（其他）结构支撑要素和墙一样重要。建筑中应该没有任何东西不是构成空间的要素"[39]。在瑞士建筑中频繁出现的空间四分法，就是一种典型的通过梁柱组合影响空间的方式。例如，由梅里&彼得事务所（Miller&Maranta）设计，位于瑞士阿劳市的梅尔卡托菜市场（Mercato Market Hall），室内的空间围绕着一根看起来很坚固的中央大木柱建造（图4-9）。这根中心柱组织了空间，同时获得了城市的象征价值：柱子位于市场的

图4-9 瑞士阿劳市的梅尔卡托
（来源：Carlana，M. Mezzalira，L. Iorio，A.《Jürg Conzett，Gianfranco Bronzini，Patrick Gartmann：forme di strutture》）

中心，就像市场位于城镇的中心一样。虽然市场结构有意模仿某些中世纪木结构的形象，但通过其结构和材料的表达可能性，项目追求一种悬浮的、永恒的品质[137]。

埃拉迪奥·迪斯特（Eladio Dieste）设计的工人耶稣教堂，屋面结构采用了一系列配筋砖的高斯拱单元，内置横向钢拉杆抵消一部分水平推力。墙体依靠波浪式的起伏加强水平方向的刚度，并在顶部设置钢筋混凝土边梁，将屋面荷载有效地传递到墙体。屋顶结构与墙面的曲线形态不仅形成统一的形式语言，还可以有效将拱券和内置拉杆整合到高斯拱的曲面中[138]。教堂横向剖面的性质，遵循在自重作用下门式钢架的力矩图，从而重复发挥材料的力学性能（图4-10），使得这一具有建筑空间表现力的形式同时获得了结构的科学性。另外，迪斯特还在曲线墙面上开设了方形高窗，通过结构、材料与光的互动在教堂内部形成神秘崇高的气氛。

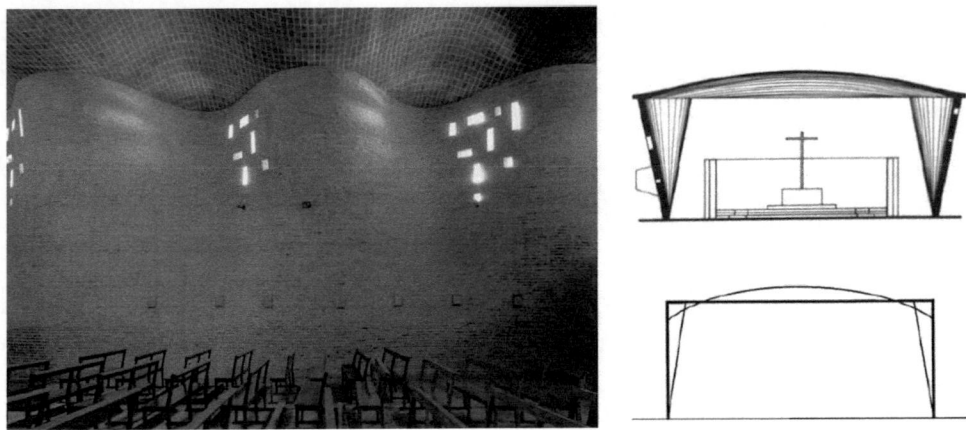

图 4-10　工人耶稣教堂
（来源：Andrew Saint，《Architect and engineer：a study in sibling rivalry》）

这种二重性具体的表现为结构存在的空间性多于技术性的考虑。或者说，在某些情况下，结构要素在技术层面并不具有必要性，其结构机制的选择更多是为了实现空间的目的。例如，由建筑师阿尔弗雷德·罗斯、马塞尔·布劳耶于1936年在苏黎世多尔德塔尔建造的多尔德塔尔公寓（Doldertal Apartments），客厅当中一根单独设置在承重墙旁边的结构柱成为空间定义的兴奋点。通常在砖石或混凝土结构的建筑中，荷载可以很容易由结构柱旁边的墙体承担，从技术层面柱子似乎是不必要的。然而从空间的角度，结构柱的存在提供了空间衔接，与巨大的墙壁和突出的玻璃立面一起在房间中产生张力，在水平方向上与大堂一起建立了一个贯穿整个建筑可感知的空间轴线[15]（图4-11、图4-12）。不仅如此，在一些情况下结构要素甚至会剥离自身的技术性，仅作为空间要素存在。例如，阿尔托在玛利亚别墅中用木柱捆扎起来的簇柱是不必要的，这种结构做法已经失去原有的力量被符号化了。另外室内的钢柱也仅仅为提升触感而存在，并没有结构作用。在这里柱子的真正角色是要表现古朴的工艺，而不是传达如何解决结构问题[139]。

此外，在本节内容中所讨论的结构与空间相关性，不仅包括结构对空间的限定，还

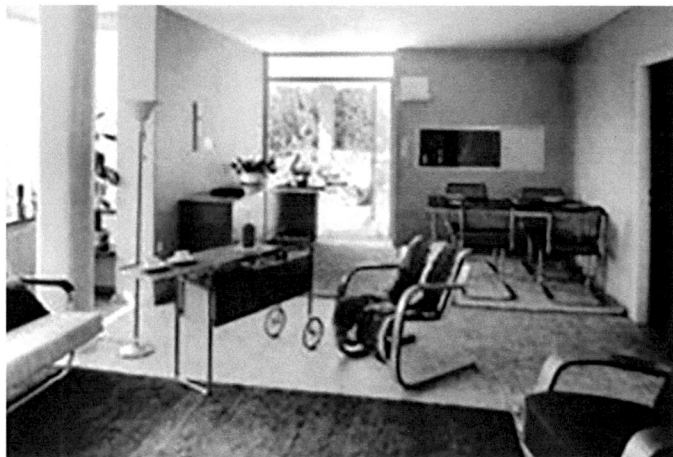

图 4-11　多尔德塔尔公寓
（来源：http://architectuul.com）

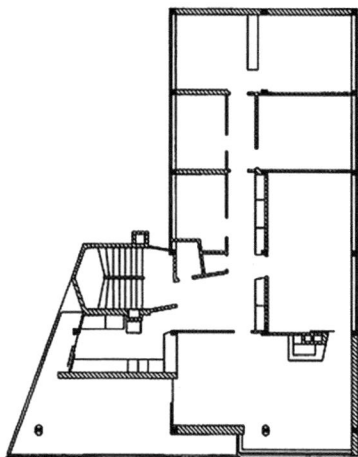

图 4-12　多尔德塔尔公寓平面
（来源：http://architectuul.com）

包括通过重力场营造对空间氛围产生的影响。对于这一点，塞西尔·巴尔蒙德（Cecil Balmond）曾用非常形象的语言将梁、柱、墙三种结构要素的力学作用方式视觉化——"梁是力场的突然收缩，柱是吸引荷载的漩涡，墙是在一个方向上扩展的柱，墙和柱是传递重力的捷径，楼板则是承受荷载流动中的隐藏模式的水库"[71]。在特定的空间中，通过对这些构件关系的逻辑组织，可以唤醒人对重力的身体体验和心理感知，形成超越物质形态的情感意义，是结构对于空间非效用层面的另一种影响方式。

4.2.3　结构空间属性与技术属性的矛盾性和互补性

当我们在"二元"建筑结构的理论框架下，结构被纳入空间的范畴中，不可避免地会出现技术层面的结构形态与空间对结构形态要求之间的矛盾性与互补性。正如本书在4.1.2节谈到结构形态出于实用性的原因对"最佳形式"的偏离，但更多的情况下这种偏离"最佳形式"的选择不只是功能强加的结果，它要传达的概念远超出功能的范畴。

通常可以通过掩盖结构的空间性，避免两种不同需求之间矛盾的生成。为了满足空间氛围的需要，设计师通过建筑的覆层及室内的装饰性构件来调整结构的形态。较为直观的是形态作用的结构机制。这种做法在现当代建筑中十分常见，通常体现为吊顶和覆层结构对结构形态进行了修正的一种方法。例如，约恩·乌松（Jørn Utzon）设计的巴格斯瓦德教堂（Bagsvaerd Church），由钢桁架支撑的预制混凝土填充砌块与现浇钢筋混凝土壳体结构相结合（图4-13）。建筑主体的支持结构被视为规范化技术理性的选择，室内空间通过拱结构的象征性，形成对于谷仓的隐喻和教堂这种神圣机制的公共性表达[29]。

尽管如此，当结构真实地暴露在空间中时，意味着结构形态与空间形态之间必须通过协调与互补来整合两者的矛盾。不同于"一元的建筑结构"中结构形态对于空间的被动适应所采用的后合理化方式，"二元结构"对于结构技术性与空间性的矛盾化解基于一种

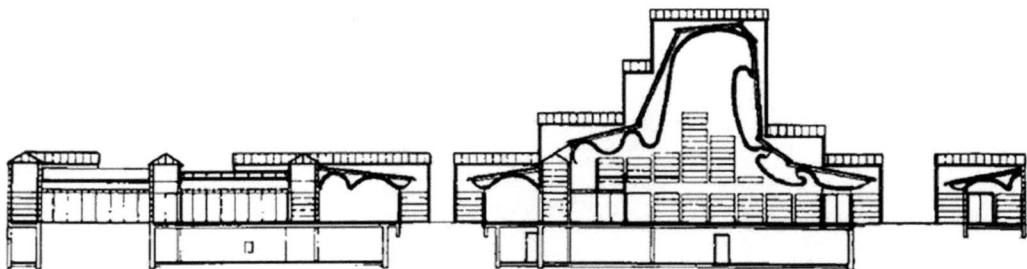

图 4-13 巴格斯瓦德教堂

（图片来源：Meiss，Pierre von《Elements of architecture：from form to place + tectonics》）

更为适度的合理性原则，通过两种需求与矛盾之间的调和与相互激发，形成建筑整体的创新。例如，丰岛美术馆（Teshima Art Museu）的平面尺寸大约为40米×60米，而最大高度仅4.5米；为了让光线、空气和雨水进入空间，在外壳设置两个大的椭圆形开口。显然，无论是从结构的高跨比，还是开口的方式来看，壳体的曲率远远偏离了壳体结构的最佳形态。为了确保美术馆"自由形式"的外壳平衡，原本壳体结构的薄膜应力由作用于外壳表面的弯曲应力来补充，使得结构厚度是理性状态下双曲抛物面壳结构的8倍[61]。然而，与纯粹遵从数学原理推导出的悬链线拱形相比，这个"不纯粹"的壳体营造出建筑师所期待的如水滴般光滑、具有流动感的内部空间（图4-14）。

图 4-14 丰岛美术馆

（来源：Archdaily）

更进一步，通过案例的对比，可以更清晰地看出结构技术形态与空间形态之间的调和，以及不同空间需求对于结构形式的影响。例如，由康策特设计的瑞士弗林多功能厅，结构采用罗伯特·马亚尔设计的基亚索仓库房架，其最大弯矩仅为典型三角屋架上弦材的1/3。但这种屋架虽然结构效率高、构件尺寸小，但屋架的结构形态不够通透。为了解决这个视觉审美方面的问题，康策特提出了取消中竖杆、增加两边竖杆的构想。新的屋面结构虽然不及基亚索桁架高效，上弦构件的最大弯矩增加30%，下弦构件的弯矩很小，但上弦构件最大弯矩仍然为典型三角屋架的1/2（图4-15）。可以说该结构很好地权衡了建筑和结构的需求。整个屋架设计通过杆件弯矩图的对比，在追求结构高效的同时并非执着于结构性能，而是在建筑创作与结构效率之间取得平衡[134]。另外，对比迪斯特设计的两座位于萨尔托市的公共汽车总站，可以进一步看出不同的空间需求对结构形态的影响。埃拉迪奥·迪斯特（Eladio Dieste）认为在萨尔托市公共汽车总站，行人会从建筑西端的拱壳下面走过，空间应当很自然地呼应人的行为。因而，迪斯特没有选择最初从结构技术角度最容易操作的设计方案，从筒壳的边缘悬挑出一块变截面的板，而是出于空间的考虑，选择先由一根变截面的梁承托一块矩形的板，再从混凝土柱上悬挑一根纤细的预应力梁支撑它们。这样做的结果是在建筑的边缘，即筒壳悬挑结构的两端形成连续的、开敞的、可以供行人自由穿行的空间，同时水平连续的屋顶界面产生一种安详平静的感受。相比之下，同在萨尔托市的图雷特公共汽车站的屋顶距地面高度，比刚才提到的公共汽车总站的高度大一倍，因此屋顶的边梁不必承担限定空间的角色，屋顶的壳体本身是空间活力的源泉。在此条件下，选择筒壳边缘悬挑变截面板，是最节省造价的结构方案（图4-16）。

图4-15　瑞士弗林多功能厅
（来源：M. Carlana，《Jürg Conzett，Gianfranco Bronzini，Patrick Gartmann：forme di strutture》）

图4-16　萨尔托市公共汽车总站
（来源：S. 安德森《埃拉蒂奥·迪斯特：结构艺术的创造力》）

以上的讨论呈现出在"二元建筑结构"的思考方法下，由于空间的需要使得结构形态的选择偏离了最佳形态。另外，值得关注的是，即便是结构力图模拟出的最佳形态，也不一定就是技术决定的结果，或者说并不具备技术层面的必要性。正如本书在4.2.2.1节结尾处的讨论，作为空间要素的真实受力构件的存在会增加空间的张力，同时通过对结构受力状态的模拟（构件对弯矩的模拟，张拉结构）会更进一步增加这种效果。在实际情况下，这种结构拟形的做法并不是出于技术的需要，而是出于空间的需要。通过结构要素动态的处理，形成特殊的空间张力，或者结构形态的特殊设计形成独特的空间效果。

例如，由建筑师阿恩·埃根（Arne Eggen）设计、位于挪威奥斯陆国家剧院火车站的入口前厅（National Theater Railway Station Entrance），建造在奥斯陆皇家公园的地下区域[61]。为了使其内部的天花板呈现出一种"漂浮"的轻盈感，内部仅由八根细长的钢柱支撑着环形屋面的边缘。这些柱的截面采用三菱形，同时在中部加大柱的截面尺寸（图4-17）。虽然从理论角度这一做法与结构柱的力图一致，似乎是为了利用最少的材料达到最大的承载力。事实上，对于这个案例而言，直柱的做法也具有相同的承载力，但从感知层面直柱容易被认为"看起来太脆弱"，相比之下变截面柱的做法很好地实现了轻盈感与"看起来坚固"之间的平衡。这种做法与古典柱式的"凸肚"设计如出一辙，产生一种泊松比效应，使观者确信结构在压应力的作用下会鼓胀[140]。同样，尽管从客观上高迪设计的巴塞罗那奎尔公园（Güell Park）可以通过对垂直的钢筋混凝土墙体实现挡土墙的结构技术需求，但这种做法容易让人感觉墙体似乎有倾覆的可能性，无法和大自然的力量抗衡[114]。相比之下，通过结构找形的方法形成的倾斜挡土墙系统更容易传达出坚固的意向，获得视觉层面的安全感（图4-18）。因而，在一些情况下，结构形态看似是技术呈现的结果，实则是出于空间氛围的需要而营造的一种主观的压力感，追求一种"看起来坚固"的视觉效果。同样，对于结构形态的理解，不仅可以从技术的层面来理解它们，也可以把它们看作"活化"（animated）的元素①，那种存在于许多不同类型的自主式细部中、同时富有机械特征的活物[139]。

图 4-17　奥斯陆火车站入口
（来源：Sandaker，Bjørn Normann
《On Span and Space：Exploring
Structures in Architecture》）

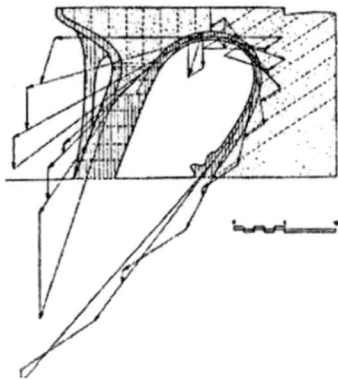

图 4-18　高迪设计的巴塞罗那奎尔公园地面层廊道
（来源：Muttoni，Aurelio《The art of structures》）

4.3 │ 从"视觉的创新性"到"空间的创新性"

"视觉的创新性"与"空间的创新性"之间差异的根源在于结构工程师对于结构意向性的理解，及其自身角色认知的区别。前者是"作为外观的结构创新"，通常是由工程师

---

① 技术性的活化（animated）描述，即将结构、构造的内在技术逻辑获得外在的视觉表达。

主导，通过将结构的静力系统赤裸裸地转换为一系列令人振奋的技术图像①，从而获得结构的意向性表达；其设计目标是通过结构为先导的设计方法，强调结构在建筑设计中的创新性。后者是"作为空间界定系统"的结构创新，通过建筑师和工程师在概念阶段的深度合作，使结构从空间的维度参与到建筑概念阶段的设计中，通过两者边界的融合形成建筑整体的创新。

可以看出，在"二元"建筑结构的模型中，结构本身并不是建筑设计的目标，而在于增加创造空间的可能性以及对整体设计意图的诠释。这种基于建筑整体的深层思考使得结构的创新性经常表现为一种隐匿与迂回的方式，但这并不意味着其无法被感知和理解。在某种程度上，这种相对含蓄的结构表达比视觉化的凸显更加意味深长。正如瑞士工程师奥雷里奥·穆托尼（Aurelio Muttoni）所说："我喜欢那种我们可以意识到它的存在，但不能直接理解它的运作方式的结构设计——这种结构设计能够引发人们的关注，但又不具有绝对的清晰性，你不能马上理解到力流是如何被组织。然而，在它们中间却时常蕴含着一种积极的模糊性、一种神秘性，以及来源于谦卑的力量"[15]。

4.3.1 "一元"建筑结构——视觉的创新性

视觉化的结构创新强调结构清晰性、精确性和秩序性的表达，并通过力学行为的夸大以及力流传递路径的复杂化，形成难以置信的视觉奇观，以实现工程美学视角下的创造性表达。

获得结构的清晰性（clarity）是现代建筑的关键推动力，"其意味着对修建一栋建筑的目的所进行的明确表达，以及对其结构的忠实性表现"[10]。具体而言，结构清晰性包括结构顺序清晰、结构逻辑清晰、结构表现清晰三方面[141]。如果结构效能是结构技术属性的内在要求，清晰性则是结构技术属性外在的几何秩序与结构层次的表达。其作为一种结构理性与技术至上主义的宣言被工程师们青睐，尤其是高技派工程师们通过力流的复杂化与可视化，将结构技术性的表达对应于结构行为的可读。值得强调的是，虽然清晰性与结构的真实性、精确性、秩序性有着内在的关联性，但清晰不一定指向真实的结构效率的提升，而是表现技术可以达成高效的能力。

与结构清晰性原则相关建筑的可读性是理查德·罗杰斯（Richard George Rogers）不断关注的一个问题[17]。在其与皮亚诺（Renzo Piano）共同设计的蓬皮杜艺术中心（Le Centre national d'art et de culture Georges-Pompidou）当中，结构完全分解为离散的结构要素，每个元素都指向非常具体的传力功能。柱被置于它们支撑的楼板结构周围，这样会增加荷载的偏心距，是结构上非常不期望得到的结果。但采用这一做法的好处是可以将不同的部分清楚描述为单独的可识别构件，从而使结构变成"可读的"。其中

---

① 布鲁诺·雷克林（Bruno Reichlin）认为这种"英雄式"的视觉化结构的代表人物"卡拉特拉瓦的作为是属于天主教的、巴洛克式的，卡拉特拉瓦是一个预言家、静力系统的创造者——他利用这些静力系统伴随着一系列类似自由式摔跤当中的假动作、横拳和猛冲等方式共同呈现出一幅令人振奋的视觉图像……"[62]Jurg Conzett M M, Bruno Reichlin. Structure as space [M]. London: Architectural Association, 2006：29.

管状柱承受压缩力，正交和斜向拉杆承受拉力，戈贝尔梁[①]（gerberettes）将荷载从主桁架传递到柱和外部的张力系统（图4-19、图4-20）。这一复杂的传力路径，以及个性化的戈贝尔梁做法并不是为了满足结构稳定性的必要结果，而是纯粹的概念实现。通过暗示力量和个性，对建筑作出了重大贡献，将高技术的语言转化为具有审美意图的建筑表现手段，表达对技术精确性和科技化的迷恋。

图 4-19　蓬皮杜艺术中心
（来源：https：//chroniknet.de）

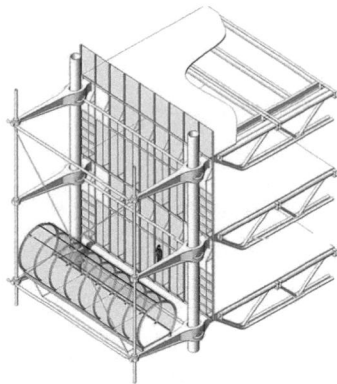

图 4-20　蓬皮杜艺术中心戈贝尔梁
（来源：https：//chroniknet.de）

与之相同的是，诺曼·福斯特（Norman Foster）设计的雷诺汽车零件配送中心（Renault Distribution Center）由42个标准的结构单元构成，其中每个结构单元尺寸24米见方，中心是16米高的细长桅杆，通过钢索向四个角点悬挂起6组拱形钢架，形成具有波浪般韵律感的屋面[142]（图4-21）。为了支持屋顶甲板和建筑设施，在单元中心的4米区域设置钢檩条，分别跨越两个梁系统，并在每个模块中形成一个中央方形屋顶（图4-22）。整个结构系统分为三个层级，通过拉压平衡的方式获得结构效能的提升，结构的传递路径通过形态的组织获得清晰的表达。桅杆及拉索被漆成雷诺公司标志性的黄

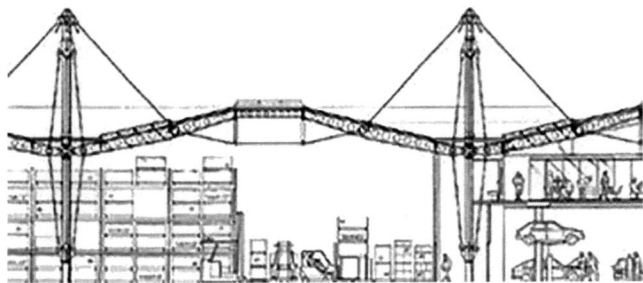

图 4-21　雷诺汽车零件配送中心结构模型
（来源：Masted Structures in architecture）

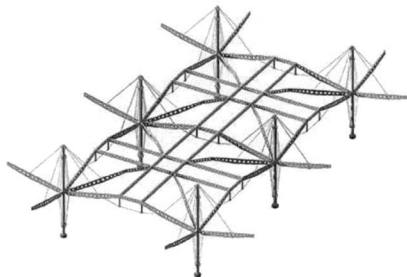

图 4-22　结构单元分解轴测图
（来源：https：//static.dezeen.com）

---

① 一种悬臂式的小型曲轴梁，使得柱子和拉杆可以分摊垂直荷载。

色，与开有圆孔的钢架一并暴露在围护结构的外侧，通过清晰的结构组织的表达，呈现出夸张的结构表现主义的印象（图4-23）。从结构技术的角度，尽管其使用了4.1节中所论述的截面优化、拉压平衡等方式提高结构的效率，但实际上其结构的跨度并不大，这些特征的视觉意义大于技术本身。同时由于拉杆不能处于受压状态，结构只能抵御向下作用的重力荷载，而不能抵御向上的风吸力。只能通过增加屋面重量的方式防止屋顶倾覆，结果是屋顶需要承担比真正需要大得多的重力荷载[17]。由此，可以看出雷诺中心看似高效的结构技术表达，是由建筑风格而非技术的合理性来决定的。

图4-23 雷诺汽车零件配送中心
（来源：https：//static.dezeen.com）

除了高技派所呈现出的清晰性原则之外，这方面最伟大的倡导者或许是西班牙的建筑师及工程师圣地亚哥·卡拉特拉瓦（Santiago Calatrava）[17]。卡拉特拉瓦通过技术性表达与客观美的转化，将结构力流转表现为材料比照，创造出独到的建筑美学，如厚重混凝土与轻薄钢构，结构构件既能满足力学精度，又符合艺术的形态（图4-24）。另外，与高技派对比，卡拉特拉瓦倾向于采用悬挑结构等更具视觉张力的形态，并"通过这一系列的结构设计手法让结构舞动起来，把结构推向了一场动态的视觉芭蕾[62]"。例如，基于拱形原理的传统，设计由垂直平面中的两个平行拱形组成，这些拱形支撑在一起以保持结构的平衡与稳定。而在毕尔巴鄂沃兰汀步行桥（Campo Volantín Footbridge）的设计中，卡拉特拉瓦利用主要受力构件的倾斜打破这种平衡的受力状态，通过主拱、弧形桥面、悬挂桥面的成对吊架的不同侧向位移，刻意地将结构的力流传递路径复杂化，并经过高超的形态组织能力将其转化为一种清晰的结构语言，呈现出一种难以置信的动态视觉效果（图4-25）。从另一个角度看，正如高技派的做法，卡拉特拉瓦这种对于结构清晰性的追求和壮观的、极具戏剧效果的结构夸大，同样要以较低的效率为代价。其承担桥面全部荷载的斜拱需要承受比在垂直平面上更大的力，并且由于结构偏心产生的扭力，不得不在桥的端部设置精细的支撑结构来吸收这种扭转载荷[17]。如前所述，卡拉特拉瓦凭借其工程师的敏锐与艺术家的想象力，将结构的形式与材料的质量、力流、张力和压缩联系起来，

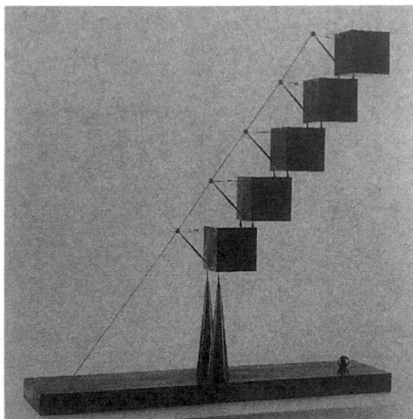

图 4-24　卡拉特拉瓦雕塑作品
（来源：Jurg Conzett《Structure as space》）

图 4-25　毕尔巴鄂的沃兰汀步行桥
（来源：https：//www.dezeen.com/）

创造出由力和结构元素创造的奇观。但是这一过程也在一定程度上，使得结构设计和建造的相关问题被刻意地复杂化，以及由此产生的"让人过度兴奋的结构形态"时常成为一种可消费的形式符号[143]。

可以看出，无论是高技派建筑师，还是以卡拉特拉瓦为代表的结构表现主义者，对于理想领域数学清晰性的追求，通常需要建立在结构行为的夸大及力流传递路径复杂化的基础上。通过将这种力的运作方式物化为具有审美价值的图像，获得结构技术能力的视觉彰显。这一过程并非结构技术本身的需求，而是对于科学意向的表达和技术至上主义的赞美。诚然，在当下多元化的建造背景下，这样的趋向在一定的情境下有其独特的存在价值，"但是建筑永远不可能只是视觉图像，如果建筑只是图像，就会失去它原有的基础和角色，无法把某个区域空间组织成私人场所[114]"。事实上，从结构与空间一体的角度，有些主张结构传统至高无上的结构设计很难为空间和建筑整体概念做出贡献，相反"在一些情况下由于过于分散的力流，以及对效能的极致追求而与建筑内部产生冲突"[15]。

4.3.2　"二元"建筑结构——空间的创新性

与"一元"结构的创新性不同，"二元"建筑结构的创新性不是作为外观的结构创新，而是作为空间界定系统的结构创新。具体包括两个方面：作为空间叙事的重要构成要素的结构以及作为整体秩序化的结构对空间可能性的探索。

1. 结构要素作为激活空间的动力

将结构作为重要的空间节点，围绕结构要素展开空间叙事，使结构的空间属性获得呈现。甚至为了将结构的逻辑与建筑整体的表述融合在一起，而刻意突出其作为空间叙事者的身份，弱化结构技术性的表达。通过对部分结构要素的隐藏，或者结构形态和结构尺度的陌生化处理，中断或隐藏结构逻辑的完整表达，增加结构识别的难度。正如一句话说到一半突然被中断，需要借助整体的设计语境，以及已经呈现出的部分内容，来领会那些未被表达的信息及其背后的深意[62]。

　　例如由日本建筑师筱原一男（Kazuo Shinohara）设计的白之家（House in White），是一个巧妙融合结构与空间的典范。通过吊顶将上部复杂的伞形支撑隐藏起来，中心的结构柱直接与吊顶连通。这种设计使得技术性强的中心柱的技术属性被空间属性弱化，成为一种生活化的象征（图4-26）。坂本一成（Kazunari Sakamoto）在日本东京的出师之作散田之家（House in Sanda）中，也采用了类似的手法，展示了他对筱原一男设计理念的继承与创新。散田之家在方形平面中设置了一个中心柱，但与白之家不同的是，坂本一成选择了将屋顶结构暴露在外。他将结构柱与屋顶分离，通过在十字形交叉梁上放置矮柱的方式来加强这一部分的结构，并在十字形梁的区域引入自然光。这一系列既熟悉又陌生的做法实现了结构意义与空间意义的并置，使其获得了在结构之外的存在感和象征意义[144]（图4-27）。

图 4-26　白之家
（来源：郭屹民.《结构制造：日本当代建筑形态研究》）

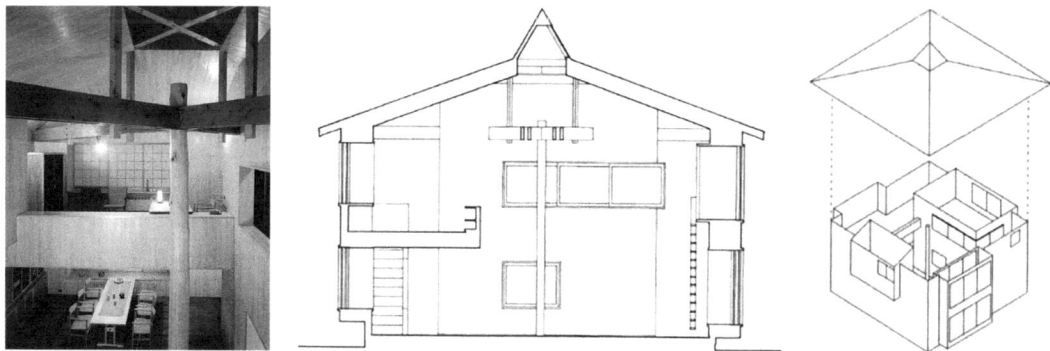

图 4-27　散田之家
（来源：郭屹民.《建筑的诗学：对话·坂本一成的思考》）

　　另一类强调结构空间性的做法是，通过结构异化形成一种陌生化的表达，将其与空间的叙事整合在一起。这种异化的做法包括结构尺度的异化与结构形态的异化。其中结构尺度异化的做法并不是一味地追求轻盈和对技术承载能力的挑战，而是将轻薄的结构尺度纳入整个建筑概念的阐释当中。例如，位于瑞士维亚马拉（Viamala）峡谷的苏朗桑步行桥（Punt da Suransuns Footbridge）结构的许多组成部分都消失了，钢板被隐藏起来，人们几乎看不清扶手。只有当你靠近它时，你才会发现它材料的坚固性，以及它的舒适和稳定性[145]。从远处看，这座桥就像一条轻盈的摆脱了重力束缚的缎带，人们被周围的景观所吸收。设计师对这座桥的设计思考体现在对结构的重视，表达了对于轻巧的追求及整体表象的控制。40米跨度的桥横跨陡峭峡谷，桥体本身厚度仅为6～8厘米，神乎其神的纤细，让自然和人为形成强烈的比照（图4-28）。石上纯也（Junya Ishigami）设计的桌子尺寸为9.5米×2.6米×1.1米，厚度仅3毫米。从对角线的上方看，它几乎就像一块漂浮在天空中的地毯，超越了我们对尺度的常识认知。桌子放在地板之前的与弯矩方向相反的弯曲，其曲率来自于结构分析，其中考虑了所有将放在桌面的物体。极大跨度的、超薄的结构使得桌子与周围的空间融为一体，结构的受力机制被彻底地隐藏（图4-29）。事实上，这种隐藏的结构做法并不是为了对抗重力，而是对一种由肉眼看不见的重力所构

图4-28　苏朗桑步行桥细部
（来源：Jurg Conzett《Structure as space》）

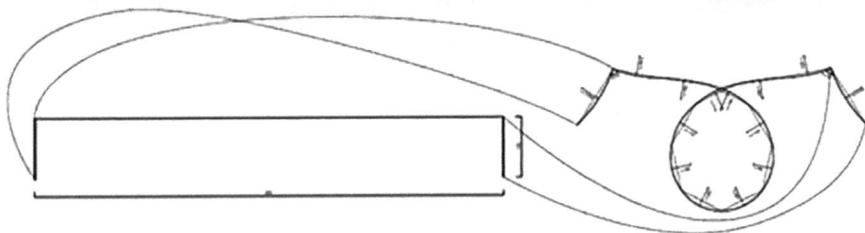

图4-29　石上纯也设计的桌子
（来源：《El Croquis》第200期）

想出的特殊现象[146]。柳亦春认为"抽象的思考及其表达对于石上纯也来说是首要的，结构、构造与材料在完成了它们的任务之后，最终隐退在空间之后；然而由此产生的空间形式，却又离不开这背后的结构、构造与材料，极致的技术产生了极致的形式，却并不一定要表达技术本身"[147]。

如果说结构尺度的异化，通过结构要素的消隐与去物质性的做法来突出其作为空间叙事者的身份，从而促成结构技术性与空间性的融合；那么结构形态的异化则是通过陌生化的几何构成方式，增加其作为支撑构件的识别难度，从而使得结构作为空间叙事者的身份得到加强。也就是说，虽然结构在视觉上获得了完整的呈现，但展现出的形象则是含糊不清、不连贯、无章可循的，这使得形态异化的结构相对于尺度异化识别难度更大。例如，瑞士建筑师瓦莱里奥·奥加提（Valerio Olgiati）在普兰塔霍夫礼堂（Plantahof Auditorium）中，通过梁、柱等结构要素的设计操作与异化变形，表达出独特的设计理念和建筑性格。具体来看，主体结构由框架结构和剪力墙结构的等量并置，倾斜的柱子和横梁之上支撑着深色的混凝土墙，并将荷载传递到建筑外部的支座处[148]。同时在框架与墙交接的位置设置水平长窗，依照结构形态的变化，室内空间自然地形成明、暗两个区域。此外，从室外延伸进来的斜撑及横跨在空间中的横向拉杆等部分结构构件的外露，暗示了一种非常规的结构设计理念（图4-30）。

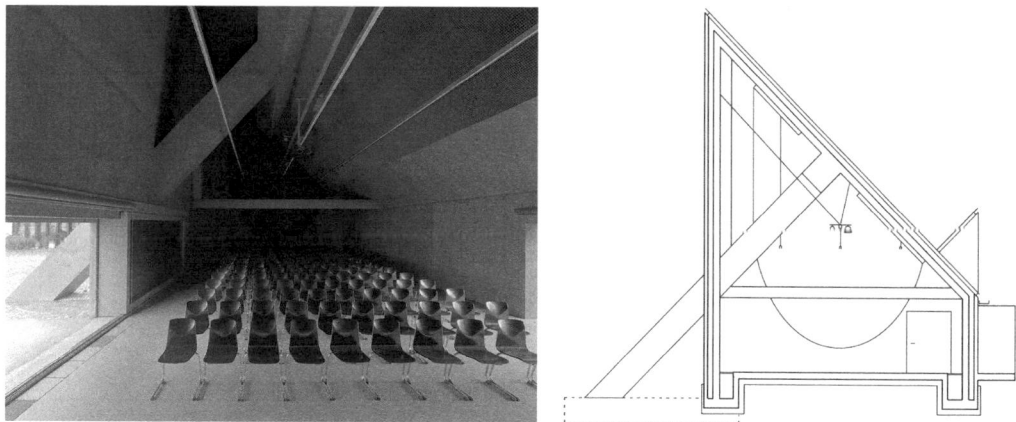

图4-30　普兰塔霍夫礼堂
（来源：《El Croquis》第156期）

2. 结构秩序作为空间组织的深层动力

第二种作为空间界定系统的结构创新方式是将结构发展为一种隐性的语言，构成统摄整个建筑空间的深层秩序。

例如，由米勒＆马尔塔事务所（Miller & Maranta）与康策特共同设计的位于瑞士巴塞尔的沃塔学校（Volta School）项目中，设计师巧妙地将基地原有的工业厂房附属油缸改建为体育馆（图4-31）。在空间处理上，跨度较小的教室空间设于上部，跨度较大的体育馆空间设于底部。这一设想使得空间的组织呈现出与力学原理相反的结构秩序。为此，结构工程师利用教室墙体的排布，在体育馆空间上方形成箱形结构，将建筑主要荷载传递到两侧的承重剪力墙。另外，在侧面设置了4个错位的采光井，用以解决40米进深空间的自然采光问题。这一做法削弱了箱形结构的整体性，进一步给结构设计带来了困难。为了解决这一问题，结构工程师康策特在箱形结构内部加设斜向的受拉钢筋，将采光井打破的箱形结构的墙体和楼板再次连接在一起。这一结构设计的巧思被隐藏在墙板体系中，建筑外部形态和内部空间在外观上仍然保持着冷静的姿态[137]，但倒置的空间结构次序、错位的开窗形式、错动的光井布置也暗示了不可见的结构复杂性，以及在外表之下涌动着的巨大张力[149]（图4-32、图4-33）。

图 4-31　沃塔中学
（来源：arquitecturaviva.com）

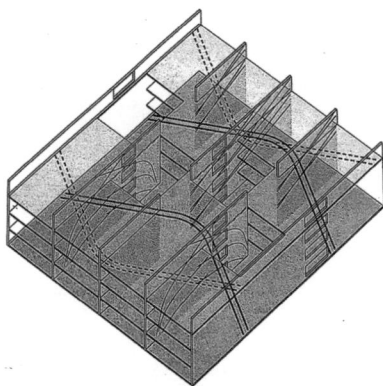

图 4-32　沃塔中学空间与结构逻辑
（来源：Carlana M，Mezzalira L，Iorio
A.《Jürg Conzett，Gianfranco Bronzini，
Patrick Gartmann：forme di strutture》）

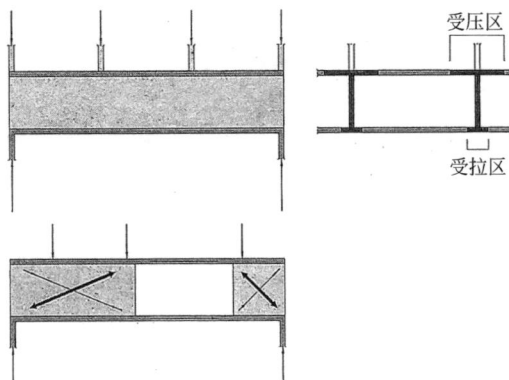

图 4-33　沃塔中学结构细部
（来源：Carlana M，Mezzalira L，Iorio A.《Jürg Conzett，
Gianfranco Bronzini，Patrick Gartmann：
forme di strutture》）

彼得·卒姆托（Peter Zumthor）的作品中较多体现出建筑与结构的整体思考。卒姆托在现代建筑中很少使用梁柱框架系统，他认为结构柱的存在会在一定程度上影响空间形态和空间界面的表现力，不具有空间中立性。因而更倾向于通过对结构逻辑的重新思考使结构的形态与秩序构成与空间的需求相契合。例如，在瓦尔斯浴场的设计中，建筑由当地开采的瓦尔斯石英岩板建造，由15个呈网格状分布的结构单元组成（图4-34）。其中每个结构单元都包括独立石墩和悬臂挑板，结构单元之间的屋顶形成自然的采光区，使得内部的屋顶呈现出悬浮的空间效果。在这里，结构的巧妙构思既形成了与建筑本质相契合的空间秩序与氛围，同时表现出片麻岩作为巨石体量被挖凿的状态（图4-35）。

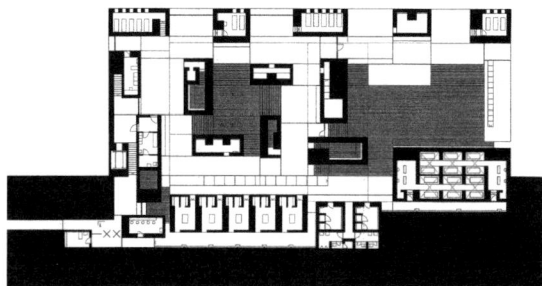

图4-34 瓦尔斯温泉浴场平面
（来源：《Peter Zumthor Therme Vals》）

图4-35 瓦尔斯温泉浴场结构概念模型
（来源：《Peter Zumthor Therme Vals》）

　　传统的矩形平面教堂通常会采取常规的单元式结构做法，结构构件通常会横跨侧廊和中厅，使得力流沿短向传递。但由埃拉蒂奥·迪埃斯特（Eladio Dieste）设计的圣彼得教堂（San Pedro Church）通过折板结构的创新性应用，形成了非凡的室内空间效果。具体来看，其将主要的受力构件旋转了90度，通过预应力的方式将力流直接传递到端部的承重墙，在内部形成了悬吊结构形式。同时将屋顶与墙体之间脱开一条缝隙，并在屋顶结构两侧形成悬挑，与圣坛顶部的高窗一起产生柔和的室内光线（图4-36）。整体来看，侧廊和中庭屋顶组成的结构板起到梁的作用，侧厅则维护了中厅墙体的稳定，力流的组织呈现出与常规结构秩序相悖的自下而上方式[138]。显然，从技术的角度，悬挑的屋面增加了结构难度，使得力的传递路径变得非常复杂，但这一系列独具匠心的结构操作使得光从

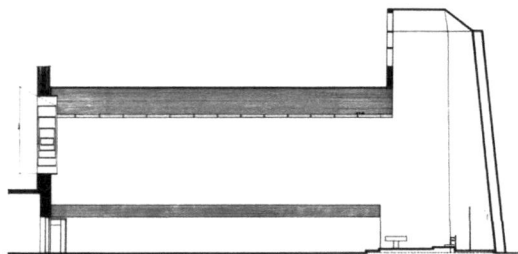

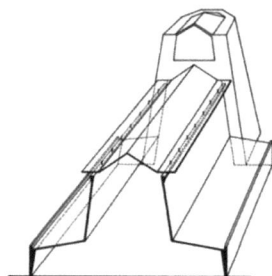

图4-36 圣彼得教堂
（来源：S.安德森.《埃拉蒂奥·迪埃斯特：结构艺术的创造力》）

几乎不可能的地方照下来，让主厅产生一股极具引导性的空间力量，创造了开敞而富有神秘感的中厅空间。

可以看出，不同于视觉创新性中追求的结构自身清晰性、秩序性与可读性，"二元"建筑结构强调结构秩序对于空间的贡献。这使得其时常表现出对既定结构规则的反叛，而呈现出模糊的、非规则的结构秩序。在德国艺术与信息技术中心（ZKM-Center for Art and Media Technology）的设计中，巴尔蒙德试图通过克服规则系统的约束，将结构从网格和重复的逻辑中解放出来。该建筑与蓬皮杜艺术中心属于相同的建筑类型，都是通过竖向支撑系统外置和大跨度结构实现内部开敞的无柱空间。两者的差异是，蓬皮杜中心通过大尺度的钢结构桁架实现这一空间需求，而德国艺术与信息技术中心则是采用了同层高的空腹桁架结构。相比之下，后者的结构效率较低，但却有效地将结构秩序与空间秩序整合在一起，提高了结构空心部分的空间利用率（图4-37）。除此之外，在德国艺术与信息技术中心的设计中，库哈斯和巴尔蒙德有意地利用桁架取代了部分空腹梁，以及增设独立的异质结构柱等做法，强化这种多元的结构组织，以打破现代建筑中固有的、统治性的、静态的结构秩序。

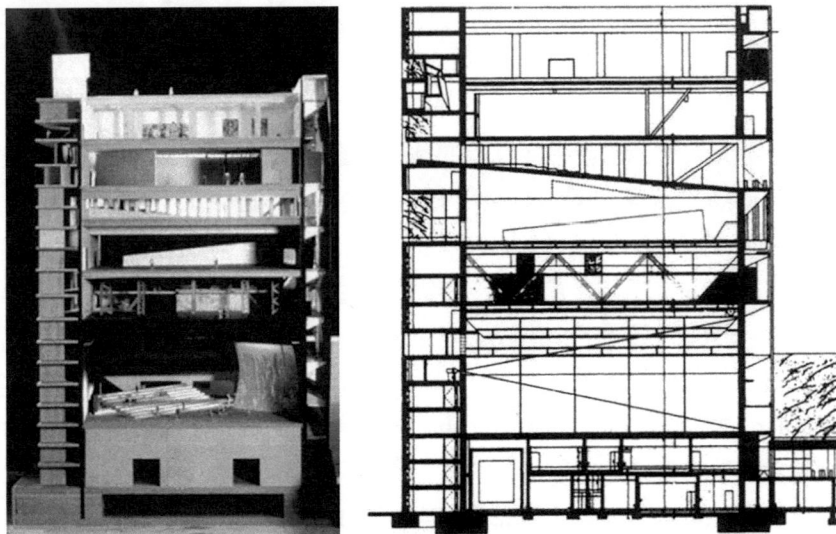

图4-37 ZKM模型和剖面图
（来源：《EL croquis》第132期）

综上所述，"二元"建筑结构的创新性不在于结构的凸显，而在于其对建筑整体设计目标的实现。结构的设计构思常常以一种迂回的方式融合在建筑整体的叙事中，需要突破既有的结构范式与视觉观赏习惯，从建筑整体对其进行解读。但这种相对迂回的结构创新方式，实现了工程师与建筑师在概念阶段的合作和相互激发，突破了结构与空间的边界，使其得以获得视觉创新性难以抵达的情感层次。

4.4 | 案例研究：瑞士穆劳桥设计中的结构与空间整合

穆劳桥建于1995年，由瑞士梅里＆彼得事务所（Meili & Peter）和结构师约格·康策特（Jurg Conzett）共同设计完成。穆劳桥采用梁式桥结构，跨度47米。梁的部分为无腹式桁架结构，桁架上下翼缘板呈T形，由松木层压材经钉梢组合而成。结构腹板是由CLT板组合成两面中空的木墙。底部翼缘板下端层级材内置预应力钢索，使得结构下弦的受力性能得到显著提升。该桥位于奥地利穆劳镇中一座中世纪木桥的原址处，其南岸是居于小镇最高点的汽车站和市政府，北岸是一片松散布置的老城区和一条沿湖散步道，两岸之间有接近10米的高差（图4-38、图4-39）。

图 4-38　穆劳桥的建造环境
（来源：Jurg Conzett《Structure as space》）

图 4-39　穆劳桥与河岸的高差关系
（来源：Jurg Conzett《Structure as space》）

4.4.1　结构与空间的整合

1. 结构要素与空间要素

桥梁的结构与空间通常采用上下分层的布局方式，结构在桥面以下形成独立区域，行人在支撑结构之上穿行。但穆劳桥采用了不同的方式，其将结构与空间在同一层级内并置，在结构内部形成交通空间。将结构要素与屋顶、地面、墙体等空间围合要素整合在一起，屋顶与地面作为桁架结构的上下翼缘板，墙体承担结构腹板的功能。此外，为保护主体结构，两侧廊道、栏杆和屋顶挑檐等围护构件与主体结构分离，作为可替换部分覆盖于主体结构之上（图4-40、图4-41）。这种物质层面的整合为结构与空间的进一步的整合创造基础。

2. 结构的空与空间的空

结构与空间的整合不仅包括结构实体与空间围合要素之间的整合，还包含结构的空与空间本身在虚体层面的整合。结构的发展呈现出从实体到空间的发展趋向，结构的空形成于结构效率的提升，但本质上，结构的空是一种无用的空（void），指传递力流的必要实体之外的冗余部分。相比之下，空间的空（space）则是完全不同的概念，其所指代的不是剩余部分而是主体，这一点老子在《道德经》中有详细的论述，"埏埴以为器，当其无，有器之用。凿户牖以为室，当其无，有室之用。故有之以为利，无之以为用"。

穆劳桥在结构类型上接近无腹式桁架结构，构成结构的翼缘与腹板在水平与竖向两个维度上形成结构空隙。不同于普通的无腹式桁架结构单纯源自力学需求的空间布局，为了使行人获得丰富的穿行体验和对四围自然环境的深层感知，建筑师在桥端部设置了两处微妙的空间转折，其与桥中段的开放区域一起形成了连续变化的空间场景（图4-42）。这种来自空间思考的感性力量，打破了在技术理性之下建立的空间生成逻辑。通过结构效率与空间感知相互融合，结构的空得以从"无用"走向"有用"，空间的空也被置入一份源自结构的理性支撑。

图 4-40　作为墙体的结构腹板
（来源：Jurg Conzett，Mohsen Mostafavi，
Bruno Reichlin《Structure as space》）

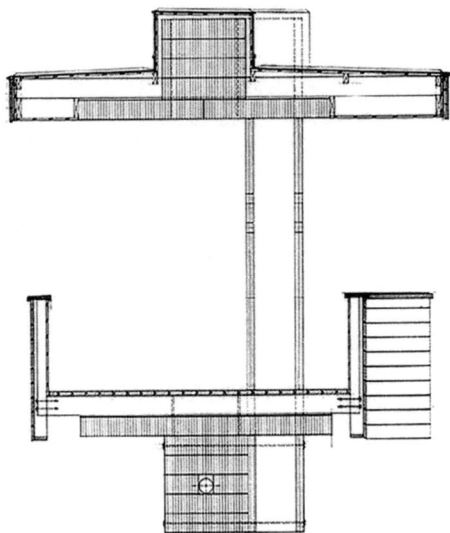

图 4-41　主体结构与维护结构的关系
（来源：Jurg Conzett，Mohsen Mostafavi，Bruno
Reichlin《Structure as space》）

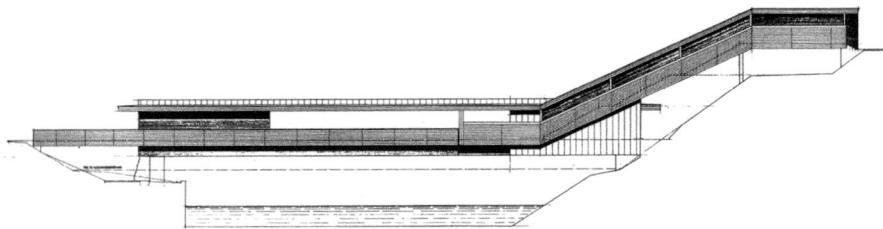

图 4-42　穆劳桥立面
（来源：Jurg Conzett，Mohsen Mostafavi，Bruno Reichlin《Structure as space》）

4.4.2　从"功能层面"到"知觉层面"的整合

桥与河岸一道，总是把一种又一种广阔的后方河岸风景带向河流。它使河流、河岸和陆地进入相互临近关系之中，桥把大地聚集为河流四周的风景[3]。

——马丁·海德格尔（Martin Heidegger）

穆劳桥对外部场所空间的思考融合在结构与内部空间的整合设计当中。具体体现在两个特殊的位置：一处是上下桥时狭长而幽暗的空间转折，既触发了结构与空间的整合，又以一种和缓的方式将外部空间带向桥面；另一处位于桥中段，两条人行流线的交汇处，在这里结构彻底打开竖向支撑构件的包裹，在中间20米的开敞空间中形成对其所处外部环境的收纳和聚集。在这里，一部分人从距离桥面10米以上的汽车站到半山腰的老城区，另一部分人从穆劳河岸一边的散步道至对岸，不同的人流经过两个微妙的空间转折在此汇聚，停下穿行的脚步，视线随着平向的屋檐延伸向远方，身体毫无阻隔地浸泡在穆劳河及其两岸所形成的自然和人文景观中……可以说这种聚集的状态，唤醒了结构对于外部场所的感知，使得穆劳桥以一种视觉和知觉可以感知到的空间形态具体地呈现出人们对于海德格尔所描绘的聚集了天地人神的桥的想象。

另外在结构与空间整合的前提下，这种聚集不仅体现空间层面的桥对环境要素的聚集，也包含结构层面的桥对技术要素的聚集。由于桥中段20米水平空间，桥中心位置成为桥面弯矩最大的地方（图4-43），同时这里也形成了身体对力流最强烈的感知。因此这个特殊的空间点，无论在物理层面还是精神层面都展现出凝聚的重量感，而这份源自空间的重量最终被结构底部的预应力钢索化解掉，使穆劳桥得以"轻松而有力地飞跃于河面之上"[3]（图4-44）。

在整合思维引导下穆劳桥的结构思考以一种迂回的方式抵达技术理性的需要，这种迂回使得空间与结构一起把对桥的思考带入一个整体，达到力学可靠性与情感丰富性之间的动态平衡。同时通过对四维环境的聚集，穆劳桥得以超越作为一个单纯提供支撑和跨越功能的桥，实现与天地万物的共同筑造。可以说穆劳桥通过整合实现了对结构范式的拓展，通过聚集抵达桥之所是。

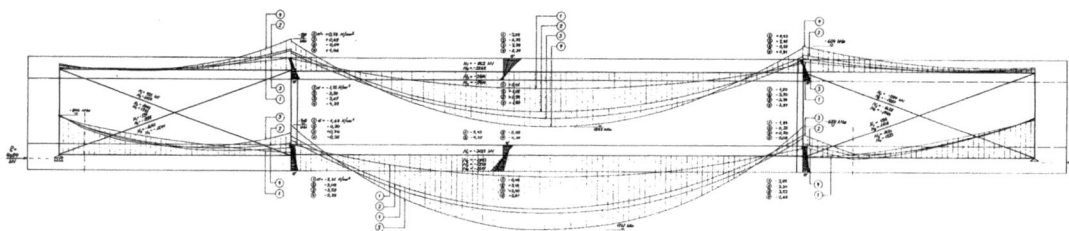

图 4-43　弯矩图
（来源：Carlana Michel《Forms of Structures》）

图 4-44　穆劳桥与自然的对话关系
（来源：Carlana Michel《Forms of Structures》）

4.4.3　结构与空间的矛盾性与互补性

在结构与空间整合的关系中，结构的布局不仅指向技术理性的单一需求，还满足整体的合理性。正如莫恩·莫斯塔法维（Mohsen Mostafavi）的评价，"这座桥将空间视觉与技术需求结合在一起的方式，不是对单一领域内理想化状态的维护，而是以激发其他领域的可能性为目标，正如捆绑在一起的线一样获得整体力量的增强"[62]。因此为了使基于整体的目标和合理性获得最大的实现，作为单一技术条件下对结构效率最大化的追逐，需要保持在一种适度的状态下，以达到与其他非技术要素之间的平衡。例如本案例为回应空间需求而选择的非对称结构并不是最高效的布局方式，相较于标准的无腹式桁架结构，这种布局方式需要更多地克服结构偏心和弯矩分布不均匀等问题（图4-45）。而从整体出发，这种结构布局很好地回应了空间的需要，并实现与周围自然环境之间的对话关系。

此外，结构与空间除了矛盾关系之外，还存在着一种相反相成的互补关系①。由于木桁架节点做法较为复杂，如果结构腹板位于翼缘板的中轴线位置，则难以通过装配式的建造方法有效地解决两者之间的连接问题。但空间作用下的结构布局方式突破了这种结构做法的弊端，使得腹板得以从翼缘板的中心移至边缘，通过螺栓和抗变形的预制钢构件的简单做法即可满足节点的刚性需求（图4-46）。同时错动的空间布局有效地增加了结构的惯性矩，通过增强结构抗扭转的能力使结构整体的稳定性获得提升。此外这种互补关系还体现在翼缘板的断面尺度上。出檐的尺度一方面出于对屋面建筑功能的考虑，满足遮挡风雨的

---

　　①　苏格拉底哲学家赫拉克里特曾有一段对于互补性的描述，"他们不理解，相互排斥本身何以变成了相互吸引：相反相成，就如同弓和弦的反向相切"。

需要；另一方面，这个大尺度的屋檐形成宽阔的表面有效抵抗了桥身中部的巨大弯矩，实现了空间尺度与结构尺度的统一（图4-47）。

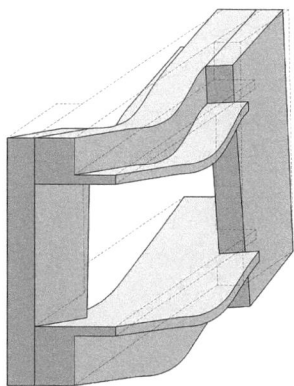

图 4-45　结构模型示意图
（来源：Jurg Conzett，Mohsen Mostafavi，
Bruno Reichlin《Structure as space》）

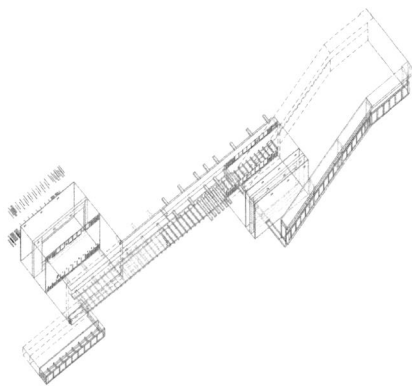

图 4-46　结构分解轴测图
（来源：Jurg Conzett，Mohsen Mostafavi，
Bruno Reichlin《Structure as space》）

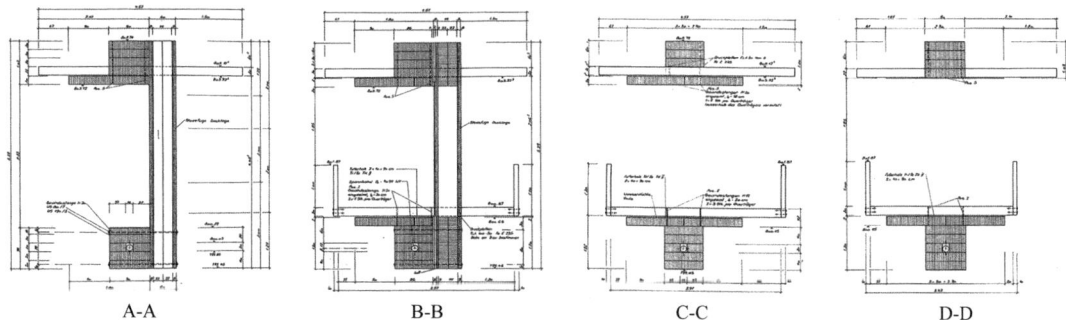

A-A　　　　　　　B-B　　　　　　　C-C　　　　　　　D-D

图 4-47　剖面图
（来源：Jurg Conzett，Mohsen Mostafavi，Bruno Reichlin《Structure as space》）

4.5 │ 本章小结

　　本章通过对建筑内部结构与空间整一性问题的讨论，呈现出"一元"与"二元"建筑结构在技术需求与空间需求、清晰与模糊、表现与隐匿等对立关系之间的矛盾与平衡，以及由此产生的丰富性与创造力（图4-48）。

　　首先，结构原则受外界自然准则的限制，在塑造建筑空间的各类约束中，结构的需求原则是基本的法则。结构的基本技术需求分别对应"正确建造"里的"坚固"和"效率"。而对于结构效率的讨论是在"坚固"所包含的平衡、稳定、强度、刚度四个结构的基本特性获得满足的前提下进行讨论的。同时，结构效率的实现包括结构体系的全局效率与结构构件的形态优化两个层面。

除此之外，对于建筑而言，结构的主要目的是建立物理上的建筑空间，进而通过结构所形成的实体支撑或围合形成空间，以及通过构件形态的强化使其成为形成空间的主要元素。在大多数情况下，结构的形态或秩序首先会很大程度上受到空间使用功能的影响，但是对于空间的讨论不仅包括空间在物理层面的实用性，还需要考虑其在感知层面的精神性。因而，本章分别从空间效用功能、影响结构形式的非效用功能两个层面对结构的空间性问题进行讨论。通过讨论可以看出，这两方面内容对于结构的设计概念与形式选择具有深层的影响，对结构的理解和评价需要同时综合以上两方面内容。

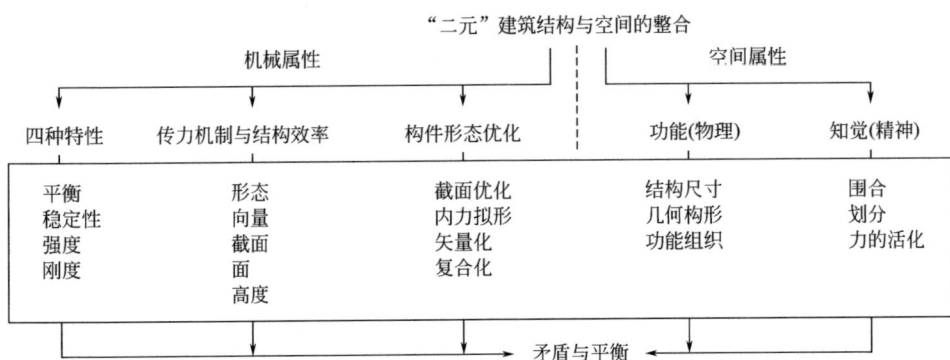

图 4-48　结构的机械与空间需求及其整合

在此基础上，进一步讨论结构技术属性与空间属性在结构表达上的影响。在传统的以工程师为主导的"一元"建筑结构当中，结构的表达通常呈现出一种理想领域的数学清晰性和对结构承载能力的艺术夸大，通常其目的是对结构技术能力的赞美。而在"二元"建筑结构体系下，结构的呈现可以有更加多元和开放的选择，甚至走向对技术表达的相反方向，通过矛盾性的视觉呈现一种超越视觉的"沉默的创新性"。

第 5 章

"二元"建筑结构观念中的
技术与文化

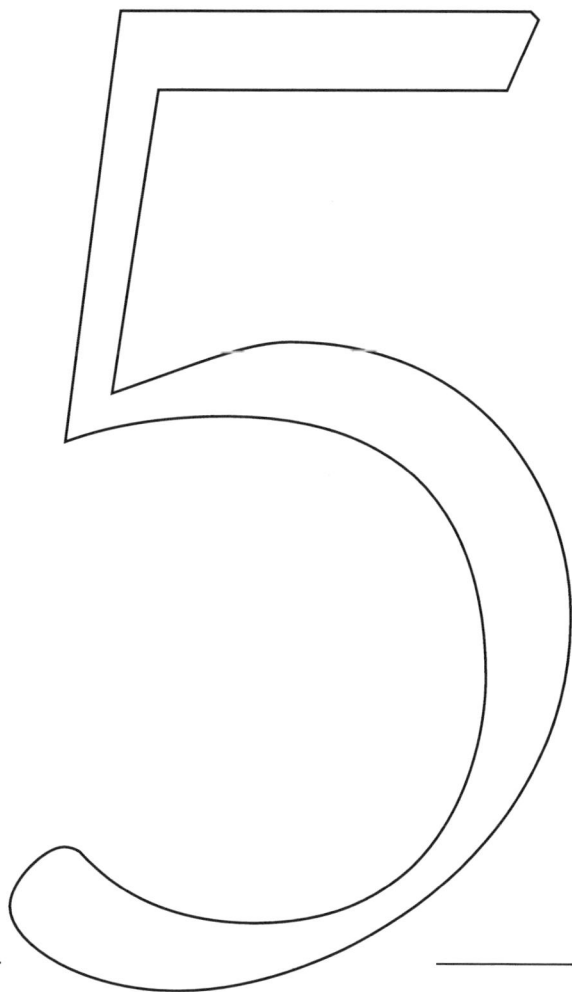

5.1 | 技术哲学理论发展——从技术"一元"到技术与文化的"二元"整体

技术哲学的观念，经历了从技术"一元"向技术与文化"二元"的发展过程。其中"技术工具论"观念强调技术的价值中性，即技术只包含"一元"的技术属性，不负载价值；而"技术实体论"及之后的"批判建构论"认为技术具有双重属性，具有价值负载与伦理反思的能力。此外，尽管"实体论"在对于"技术是否价值中立"等问题的看法上与工具论有很大差异，但其根源上都属于本质主义阵营[150]。具体来看，"实体论"属于技术的经验转向，这种观点认为技术的"双重"属性之间仅存在技术对人的单向决定作用。批判建构论则是在技术本质主义与建构论的基础上提出的另一种技术哲学观念，其属于技术的非本质主义，并强调技术与文化的"双重"属性之间的双向作用关系（图5-1）。

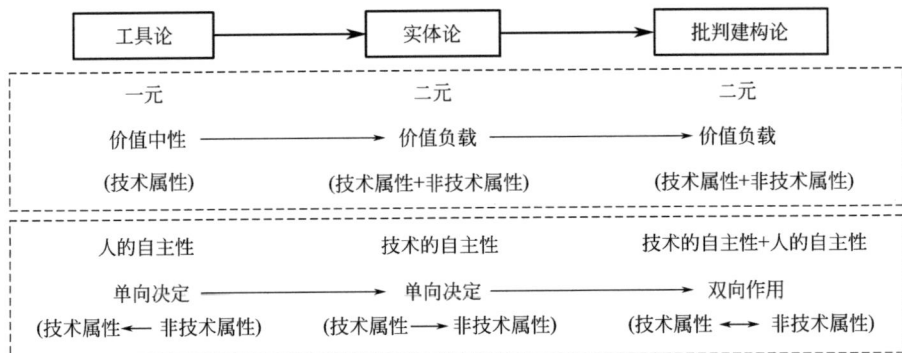

图 5-1　技术实体论与批判建构论的差异

5.1.1　技术工具论：人对技术的单向决定

技术工具论观念的讨论最早出现于亚里士多德时期，从工业革命到20世纪中叶，都代表着人们对于技术理解的基本通常范式。海德格尔曾在《技术的追问》中对技术的工具性进行深刻的讨论和批判，但这种观点仍然以各种方式影响着人们对于技术的认识和理解。

具体来说，技术工具论（instrumentalism）又称为技术中性论（value—neutra1），是"建立在常识基础上的技术观，这一观念认为技术是服务于使用者目的的工具/手段，即技术是'中性'的，其自身是没有价值的"[5]。从这个定义出发，技术工具论的关键特征是"人的控制"和"价值中性"。一方面，"人的控制"是强调技术与使用者是被动的关系，即工具被使用者操纵着，以完成使用者的目的。正如这一理论的代表人物哈佛大学的梅塞尼教授（Emmanuel Mesthene）所说，"技术为人类的行动和选择提供了新的可能性，但使得对这些可能性的处置变得不确定；技术产生何种影响以及服务于什么样的目标，都不是技术本身所能决定的，这取决于技术的使用者用它做什么"[151]。另一方面，作为"人的控制"的结果，"价值中性"可以被理解为技术不对人自主地产生影响、不预先设置目标，也不对技术所产生的后果负责。同时，"价值中性"的技术不负载价值，意味着其所理解的技术是剥离了一切社会文化属性的，同时技术被视为被动的[152]。因而，在此条件下的技术是一种去情境化的技术，"其在任何一种条件下，都可以在本质上保持着相同的效率标准，这种普遍性也就意味着同样的衡量标准可以被应用于不同的背景中"[4]。

5.1.2 技术实体论：技术对人的单向决定

卡尔·米切姆（Carl Mitcham）将以马丁·海德格尔、赫伯特·马尔库塞（Herbert Marcuse）、雅克·埃吕尔（Jacques Ellul）为代表的技术实体论（Substantivist）归为技术哲学发展的第二个阶段[153]。与技术工具论相同，这一阶段的技术哲学观念仍然认为人与技术之间的关系属于单向决定的关系；但实体论认为两者的关系应该是反向的——技术对人的支配。

此外，技术决定论反对工具论的"价值中性"思想，其关注技术的社会属性，将技术视为一种具有自主性并负载价值的社会力量（图5-2）。因而，技术发展不仅指向"单一合理性模式"下的效率提升，这意味着一种全新的生活方式[154]。实体论主义者认识到这一状态下的技术对人类的中心地位产生威胁，并希望通过一种悲观的技术决定论对其进行批判与反思，重新找回人类的主体地位。

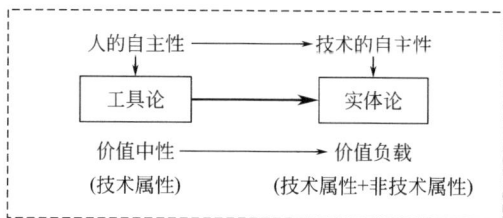

图 5-2 技术工具论与实体论的差异

其中，海德格尔是对技术表示担忧的第一代哲学家的代表。其在《技术的追问》中提出人们对于技术的朴素理解是一种中立的技术观，即技术是一种合乎目的的手段/工具，以及技术是人的行为[3]。海德格尔认为这种朴素的技术工具论可以是正确的，但并不真实，其不能揭示技术的本质。他发现手段与因果性紧密相关，从而借用亚里士多德的"四因说①"解释这一过程，并把"四因"称为四重"招致②"方式。并在此基础上逐渐

---

① 亚里士多德的"四因"包括：质料因、形式因、目的因和效果因。
② 招致，德文原文为"Verschulden"，可以理解为"对……负责，对……有责任"。

得出"技术不仅是一种工具，其本质是一种'解蔽①'（Entbergung）的方式"[3]的论断。然而，这一观点是海德格尔对于传统技术本质的理解，并不适用于现代的动力机械技术。虽然他认为现代技术的本质也是一种"解蔽"的方式，但在现代技术中起支配作用的"解蔽"并不是把自身展开于制作意义上的产出，而是一种"促逼②"（Herausfordern）[3]。海德格尔用"集置③"（Das Gestell）来命名这种"促逼"的要求，在这一状态下的自然和人都被置于预设的"座架"（Gestell）中，并通过计算为其提供保障，使其能够以一种完全正确的、清晰的方式，达到预先设定的效率和生产最大化的目的[3]。因而，不同于传统技术中的"揭示"与"造成"，现代技术中的自然和人成为一种被"促逼"的工具；甚至由于"因果性④"概念本身的转变，形式因和效果因都不再产生作用，成为被限制的和程式化的存在[155]。此外，他认为传统技术包含了艺术的含义，而现代技术破坏了这种整体性，导致技术与艺术的分离，这使得技术彻底失去了审美价值。尽管如此，海德格尔没有完全否定现代技术的有效性和正确性，但他认为这种方式使得人们完全依赖于这条"正确的"路径，而忽视其他可能性，从而失去自由[155]。

除此之外，雅克·埃吕尔（Jacques Ellul）也认为技术并不仅是合乎目的的工具，其还具有自主性，他和海德格尔一样都承认现代技术对人类社会产生消极的影响。在《技术系统》和《社会技术》等相关著作中，埃吕尔对技术自主性的相关理论进行了系统地讨论，并提出技术作为一种自主的力量，已经渗透到人类思维与日常生活的多个方面，这一过程使得人类失去了对其自身命运的控制能力[150]。此外，在埃吕尔之后的路易斯·芒福德（Lewis Mumford）、赫伯特·马尔库塞（Herbert Marcuse）和恩斯特·舒马赫（E. E. Schumacher）也表达了同样的思想，认为发达工业社会的"单一技术"即使不是集权主义的，也是非人性的。

可以看出，实体论不支持"技术不只是一种达到目的手段"这一观点，而是认为技术是负载价值的，包含技术与非技术的"双重"属性，并具有丰富的伦理与政治意涵。但是，由于实体论只强调技术的自主性，否定了人对技术的约束和影响，只是技术对人单向的决定作用，导致了这种"双重"属性之间的关系仍然是"静态的"、单向的，而无法形成技术与非技术属性的"二元"互动与整合。

5.1.3 批判建构论：技术与人的双向作用

以海德格尔为首的技术实体论，实现了技术哲学的经验转向，其将"中性"的技术转

---

① 解蔽，德文原文为"das Entbergen"，即解除遮蔽，将材料原本具有的特性显示出来，揭示出那种并非自己产出自己，并且尚未眼前现有的东西。

② 促逼，德文原文为"Herausfordern"，其日常含义为"挑战、挑衅、引起"，孙周兴将其翻译为促逼。

③ 集置，德文原文为"das Gestell"，是指"那种促逼着地，把人聚集起来，去订造作为持存物的自行解蔽者的要求"。

④ 海德格尔在解释传统技术当中提到的"因果性"是指，"为什么"到"如何"的转变；而现代科学的"因果性"变成一个纯粹的逻辑关系，给出一个初始条件，只要从这个条件推演出结果，这个条件就是原因。

变为具有自主性的、负载价值的技术。但是，这种单向的决定论与技术工具论相同，都是彻底的本质主义，其将技术所具有的多维结构与多种性质简化为单一的属性。这一观念下的技术是抽象的、大写的技术（Technology），而不是处在微观的、具体的技术活动（technologies）[156]。而在作为总体的技术中，非技术因素难以控制技术总体的发展趋势，技术的双重属性之间的关系必然是技术对人的单向作用。

安德鲁·芬伯格（Andrew Feenberg）等技术哲学家试图在综合了本质主义与建构论的相关技术哲学观点的基础上提出批判建构理论。与实体论相同，批判建构论支持技术包含双重属性这一观点，但其认为人与技术的关联性不仅体现为技术对人的单向决定作用，而且包含着双重的自主性（图5-3）。同时这并不意味着重新回到中性的技术工具论，而是通过技术与文化两者的辩证统一关系对传统的技术自主性观念进行更新与拓展。具体来看，批判建构论也认为个人之力所产生的文化的因素无法控制总体技术的发展趋势，但是在面对具体技术（technologies）时，个人意识始终有产生影响的余地[155]。因而，区别于技术中心论中人的绝对自主性，批判建构论强调的自主性在程度方面有所差异，其仅将人的自主性的作用范围限制为个别人或个别群体在具体技术领域的有意识的行为，有可能对新技术环境的塑造产生积极的作用。由此可见，尽管批判建构理论强调两种自主性在程度上的差异，但仍然将技术实体论中技术与非技术双重属性之间单向的决定关系拓展为双向的作用关系。

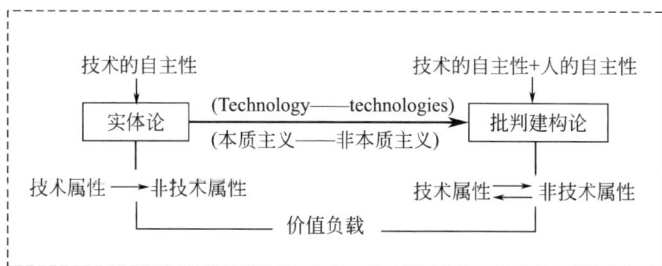

图 5-3 非本质主义的技术观中技术与人的双重自主性

此外，从前文的讨论中可以看出，技术工具论认为技术是中性的，自身不负载价值，这一观念仅包含技术的自然属性，不涉及文化与社会等非技术因素的影响；技术实体论认为技术是负载价值的，"更多从技术和社会的角度来把握技术，这使得技术的自主性被夸大，人在技术体系中的能动性被忽视"[150]。技术批判建构论，尝试通过一种"非本质主义"的技术观，对技术工具论与实体论的二元对立状态进行整合。

具体来看，芬伯格提出的非本质主义的批判建构理论是将实体主义和建构主义的观念和方法"整合到一个包含两个层级的单一框架中——第一层次与技术本质的哲学定义存在一定的相关性，第二层次则更加关注于社会科学方面的思考"[157]。在这一框架下的技术定义不再是一个维度，其包括两个方面，其一是"初级工具化"，是解释技术客体和主体的构造功能；其二是"次级工具化"，是既有的客体和主体在社会化情境下的现实网络和装置中具体实现[4]。从技术客体的角度，初级工具论通过"去情景化①"的过程，使得技术从它们当初被发现的自然情景中分离出来从而获得技术潜能的显现；进而通过对脱离情境的技术进行"还原②"，去除对生产无用的"第二性质③"，以使其能够更有效地嵌入到技术的系统中[157, 158]。相应地，"次级工具化"是通过技术的"第一性质"与"第二性质"及对象与情境的综合重新实现"情境化"的过程。具体而言是指在"系统化④"的阶段，将孤立的、去除情境的技术客体组合起来，并重新嵌入情境，使其转变为可以实际发挥功能的设备；进而在"中介化⑤"的过程中，利用伦理和美学的中介经过"简化"的技术客体赋予新的"第二性质"，使其可以无缝嵌入到新的情境中[157]。这一过程通过初级工具化与次级工具化两个维度的综合，"揭示和释放了技术综合潜能的障碍"[4]，使技术从去除情境、计算和控制的初级层次的消极影响下获得补偿，再一次丰富了技术对象并使其适应了环境[4]。

综上所述，可以看出芬伯格提出的批判建构理论使得人们从本质主义抽象的、大写的技术转向对具体技术的关注，打破在此之前本质主义固定的、僵化的技术观。同时通过强调技术对具体情境的再挪用，将技术系统同它的使用者以及其所在的社会组织整合在一起，在技术工具论的"乌托邦"与"听天由命"的技术决定论之间建立了一种平衡，使传统技术哲学内部、技术与人文的两极化矛盾得以向哲学原点回归。

5.2 | 结构技术和文化的双重自主性

不同于工具论和实体论等本质主义技术观，芬伯格提出的批判的技术理论，认为技术不仅负载价值、具有"双重"属性，而且技术与人之间存在双向作用的关系，两者均具有自主性。本节内容在技术批判理论的框架下，分别从技术自主性与人的自主性两个方面，讨论结构技术内在技术、文化"二元性"及两者之间的关联与影响。

5.2.1 技术的自主性：结构技术发展对当代建筑学知识体系的影响

技术自主性的观点是指技术⑥不仅是中立的工具，其发展还有某种自主的逻辑，具有

---

① 去情境化（Decontextualization），是指技术对象与它的自然情境的分离。
② 简化（Reductionism），是指第一性质和第二性质的分离，即仅保留对象有用的方面。
③ 技术的"第二性质"是指那些对于技术对象所卷入的技术规划来说不重要的方面，包括审美道德特征等方面的内容。[4]芬伯格 A. 技术批判理论 [M]. 北京：北京大学出版社，2005.
④ 系统化（Systematization），是指去除了情境的对象相互之间的联系以及与使用者和自然的联系。
⑤ 中介（Mediation），是指"通过将审美和道德特性融入技术设备的设计中去，对技术的'第一性质'与'第二性质'进行整合"。[4]芬伯格 A. 技术批判理论 [M]. 北京：北京大学出版社，2005.
⑥ 这里的"技术"既可以指作为"总体的技术"，也可以指个别的具体技术。

自己决定自己的能力，甚至多多少少规定着人类行为[155]。技术哲学家唐·伊德认为，对一项技术制造来说，不仅仅是简单地制造一个工具或人工制品，而是制造了一个世界[5]。每一种技术或器具都参与着我们生活的构成，不但塑造着我们的习俗，也影响着我们的思想观念和看待世界的方式[159]。

结构技术发展对建筑知识体系的影响，体现了结构技术具有"自主性"，并非中立的、无价值负载的支撑工具。作为建筑技术的一部分，结构的发展不仅带来建筑建造能力方面的提升，对建筑的空间自由度与形态多样性方面产生积极的作用，也在意识形态和观念层面引发了建筑理论和设计方法的改变。

1. 建筑技术层面的影响

在现代社会中，"更高、更快、更强"成了技术社会的座右铭，效率的逻辑成为支配一切的原则[155]。工程改革沿着这一条主流路线发展。正如比尔·阿迪斯（Bill Addis）所说，工程创新的本质是在于整体的建造结果中使用了更少的材料，或以最少的额外成本完成了更大尺寸和更高的复杂度[48]，即结构效率的提升。因而，效率的提升以及"更高""更大"的建造体量无疑是结构发展为建筑整体带来的技术贡献。

从19世纪末到20世纪是结构技术的创新与实验期，丰富的结构形态在建筑中获得显著的表达。这一时期，铁、钢、钢筋混凝土等材料取代了传统的砖石结构，在结构跨度、结构效率得到显著提高的同时结构类型也有了更广泛的选择。在大跨度建筑中，形态丰富的连续拱顶形式取代了传统的筒形拱顶；双曲网壳结构、索网结构、膜结构和空间框架取代了古典时期的穹顶结构和肋拱结构；各种梁板、桁架和其他空间框架结构取代了早期木制的木梁架结构；各种张拉整体结构、高应力薄膜结构等新型结构类型在这一时期产生[23]。在高层建筑中，20世纪60年代末70年代初，高层建筑的分析、设计和施工都有了长足的进步[160]。在这一时期作出最重要贡献的结构工程师是法兹鲁尔·拉赫曼·汗（Fazlur Rahman Khan），他曾用一种类似飞机和汽车的做法，把建筑的外观视为结构的皮肤，将高层看作一个结构的整体而不是构件的集合，并提出框架筒体系及筒中筒结构[48]。这一概念根植于基本工程理念，具有明确的、可理解的传力路径，使得高层建筑的结构性能和经济学方面都得到显著提升。

结构技术的发展对建筑最直接的影响首先体现在建造能力方面的提升，与此同时，伴随着每一种新的结构体系和形式的出现，所产生的新的建筑形式和审美表达同样值得关注。工程师如古斯塔夫·埃菲尔，尤金·弗莱辛内特（Eugène Freyssinet）和罗伯特·迈拉特（Robert Maillart）利用新材料和新技术创造了优雅、经济和高效的建筑和结构。更重要的是，他们对结构的视觉呈现表现出了极大的关注。大卫·比林顿（David P. Billington）将这种结构效率和表达的结合称为"结构艺术"[80]。在20世纪后期，奈尔维（Pier Luigi Nervi）、托罗哈（Eduardo Torroja）和坎德拉（Felix Candela）等工程师和建筑师的作品同样被视为"结构艺术"，通过将结构作为建筑视觉要素的形态凸显而得到认可。同时，20世纪后半叶计算机进行结构性能建模的设计方法，使得结构因素常常对建筑的外观产生决定性的影响。例如，闻名世界的澳大利亚悉尼歌剧院及曼海姆花园的大型木材网架展览馆都必须借助计算机模型的辅助才能够完成设计和最终的建造[48]。

除此之外，结构对于建筑形式和审美的影响，不仅包括结构自身作为视觉表达所产生的建筑形态创新，还体现在结构技术能力的提升使得更为复杂、多样的建筑形态成为可能。显然，当代的建筑中对于建筑形态丰富性的重视程度远远超过传统结构做法中所传达出的象征性。结构技术不断地推陈出新以及建造手段的"技术冗余度"也为多变的建筑外观及引人注目的视觉效果提供必要的技术支持，甚至直接将结构技术产生的视觉奇观转化为形态塑造的语汇。可以看出，结构技术的发展，提升了建筑形态表达的自由度，使得当代建筑可以脱离结构技术的"束缚"，在一定程度上获得由"技术冗余度"所产生的建筑形态的"释缚"[55]。

2. 建筑观念层面的影响

正如手表的发明不仅是用来观测时间的"中性"的技术手段，更是一种调节社会实践和解释自然的方式，这种方式成功地将整个社会转变成一个看钟表的社会，从而产生了社会时间[161]。结构在技术层面的发展对当代建筑学的影响，同样涉及观念层面的改变。

文艺复兴时期新柏拉图主义以真实来评价艺术的品质，尤其是以艺术忠实再现自然理念的程度作为评价标准。在这一观念下，建筑由于不是再现的艺术，与其他雕塑、绘画等艺术相比不具备优势。为了提升建筑的艺术性，证明建筑也可以达到再现的真实，从而提高建筑从业者的社会地位，维特鲁威将多力克和爱奥尼柱式的装饰与早期木构建筑的样式建立关联，使得建筑得以与其他艺术类型相提并论[12]。总之，这一时期的建筑为了努力地向艺术靠拢，而将自身发展为一种真实再现自然有关的艺术。

这一观念，随着整个社会的科学转向与整一性分解而发生转变。一方面，17 ~ 18世纪"科学革命"——伽利略（Galileo Galilei），牛顿（Isaac Newton），威廉·哈维（William Harvey），还有其他人的发现——来自于否定古人所说的自然世界，寻求以自己直接观察和合理性运用为基础的解释的愿望。这一时期，卡洛·洛都利（Carlo Lodolí）认为如果这导致了科学的进步，那建筑中不也应该有相同的态度，采用基于理性的原则吗？[12]。同时18世纪晚期法国工程师们的成就，使得开始独立于建筑物之外思考支撑系统，描述和分析独立于建造传统及假定的稳固观之外的支撑系统的能力[12]。以及之后一系列工程技术的发展更加剧了这种结构技术理性的转向。另一方面，不同于美学和科学统一的古代和中世纪，这一时期的美学从科学中分离出，艺术品的目标只是愉悦感官，不再能获得科学意义上的"真实"[12]。作为理性产物的结构技术自然成为建筑真实性的依托。因此，建筑的真实观逐渐从传统建筑中作为艺术再现自然的真实观转为以理性为基础的结构的真实观，即追求建造的理性主义，要求结构力学表达要最清晰明了地反映在现代工程作品中[12]。

在整一性尚未破裂之前，"艺术的言说方式和技术的言说方式都不会使彼此感受到合法性的危机"[45]，这也是前技术时代建筑作为再现自然的艺术所呈现出的状态。伴随着艺术与科学的分解，以及工业革命至今建筑结构相关技术的持续发展，技术的言说方式在建筑中发挥着越来越重要的作用，甚至在一些时候成为技术至上主义的象征。

5.2.2　人的自主性：文化对结构技术的影响

整体来看，正如批判建构论的技术哲学家所持有的观点，尽管人的选择难以控制总体的技术，但是在更加微观的场景之下，我们仍然有选择的余地。无论在什么阶段，结果是否被主流技术同化，做法是否能够具有普适性，仍然有介入的可能[155]。这种技术与人之间的双向作用同样体现在结构技术的发展中。

一方面，从"技术自主性"角度来看，结构技术自身的发展对于技术之外的建筑形式语言和建筑理论的发展都有着重要的作用。这体现了技术的自主性，也就是技术对于非技术的自然、人文环境的作用。另一方面，从"人的自主性"角度来看，虽然在"总体的技术"的确定性面前，人的选择受限于技术的自主性，但这并不意味着人的作用彻底失去话语权。在面对更为具体的技术问题时，"个别人或个别群体在具体技术领域有意识的行为，有可能对新技术环境的塑造产生积极的作用。"

1. 个别技术的不确定性

如前文所述，非本质主义技术观念下的"个别技术（technologies）的不确定性"所持有的技术自主性观点，不同于本质主义技术观念下的"总体技术（Technology）的确定性"绝对的技术自主性①。前者的技术决定论并不只是技术对人的单向的决定作用，而是一种技术与人的双向决定作用，即认为对于技术的发展，人在一定程度上具有自主性。尽管，在大多数情况下，个人之力所产生的文化因素也无法控制总体技术的发展趋势，这种个别的技术选择最终会成为总体技术的一部分；但是从微观层面，个人的意志并不能忽略不计，至少在个别技术时，始终有产生影响的余地[155]。具体来看，"个别技术的不确定性"包括两种情况。

其一，"我们可能以为新的技术都是为了获得更高的效率而被引进，然而技术史的研究显示，事实并非如此"[162]。例如，人类发明汽车的目的并不是为了使用效率，而是为了竞速。汽车作为交通工具在最初也不以效率取胜，在配套设施并未完善时，汽车出行未必比马车高效，而最初的汽车是作为竞速用具而推广的[155]。工厂机器的发明并不是为了提高效率，而是为了打压技术熟练的工人。当工厂中仍然有大量熟练工可以发挥作用的时候，引进这种生产线未必能促进效率。麦考密克（Cyrus Hall McCormick）在19世纪80年代引进气压铸模机的意图就是为了打压由熟练工领导的工会。而在此之后，这种不需要熟练工、适合于傻瓜式操作的生产线，最终会提高生产率。

对于建筑结构而言，从结构技术整体的发展来看，总体的技术发展动力很明确指向结构效率的提升，但在更加微观的场景之下，非技术理性的文化和情感因素仍然有介入的可能性。正如汽车和工厂机器最初并不是出于效率提升的目的而被发明，框架结构最初并不是为了结构效率。如前文所述，奥古斯丁·佩雷用古典式理性主义者的原则去使用钢筋混

---

① "个别的不确定性"与"总体的确定性"这一说法来源于胡翌霖老师技术哲学课程的总结。

凝土结构[19]，将结构理性的思考作为与古典建筑嫁接的桥梁[30]。作为奥古斯丁的追随者，勒·柯布西耶的多米诺体系深受佩雷框架结构体系的影响[13]。柯布西耶更加抽象和纯粹的框架结构显然与机械时代的批量化生产观念密不可分，但他仍然认为多米诺与古典主义中建筑的三分法，或印度石刻建筑的横梁式结构体系有对应关系[78]。因而，即使作为"个别技术的选择"的框架结构，由于其计算和建造的简便性而被裹进"更高、更快、更强"的时代洪流，成为效率和工具理性的产物。但无论是在结构理性主义者奥古斯丁·佩雷还是勒·柯布西耶的阐述中都仍然可以看到超越工具理性的文化价值，这说明个人意志在其发展过程中的作用并不能完全忽略不计算。

其二，从时间的维度，虽然工程改革沿着"更高、更强、更快"的主流路线发展，但对于具体的"工程艺术并没有在科学意义上发展成知识的线性和持续增长，相反它同样受到其所处的文化背景的影响[15]"。具体从结构类型的发展也可以看出，结构的最终形态与许多非结构性的目标相关联，受到它们的推动和刺激。例如，最初由天然材料建成，作为小尺度空间屋顶建造方式的圆顶结构，在古罗马及文艺复兴时期被大量应用于陵墓、寺庙、教堂等重要的空间场所，甚至在当下仍然有广泛的应用。显然，这种结构类型并不具有技术层面的优势，其如此受重视以至于成为许多标志性建筑的重要概念来源的原因，是这种结构类型所承载的文化与政治意图[61]。这并不是由于效率工具理性选择的结果，而是个人之力所产生的文化因素控制的，在总体的技术自主性之下的"个别不确定性"。这种不确定性与总体结构技术趋向"更高、更强、更快"的发展方向之间形成一种张力，松动了被视为铁板一块的技术趋势[155]。

在这个意义上，个别技术层面的"技术自主性"，反而为人类争取了一定的"自主感"[155]，体现出结构技术发展过程中的文化的干预。这或许从另一个角度证明技术对文化的吞噬，但也说明技术发展的动力不仅是工具理性的原因，其在一定程度上受到文化、社会乃至政治的综合作用。

2. 技术的文化迁移

尽管技术哲学家普遍认同技术具有自主性这一观点，但作为一件被诠释的设备，技术具有多维度的可能性，这使得这些可转移性强的技术很容易适应许多文化的、多元稳定的结构，这种技术其本质（尽管是非中性的）具有含混性[161]。因此，技术需要在它的文化情景中成其所"是"。相同的技术可能会有不同的使用方式，甚至在两个不同的文化背景中，同一技术意味着不同的东西[5]。

这一观点解释了在跨文化的技术转移（technology transfer）过程中的"双重情境①"现象。例如，作为火药、指南针、平衡舵的发明国，中国古代将这些设备用于生活实践的祭祀庆典活动中；而当这些设备经过技术扩散的跨文化运动嵌入到西方的文化中时，

① 在技术转移过程中的双重情境导致"这种"技术不是被迁移的"那种"。具体是指，人工物牵连到它当下的使用情景，并根据这种情景成其所是。一种情况是，当人工物的可转移性较高，即人工物在两种文化的实践中形成交融。另一种情况是当两种文化情景无法交融时，使得转移之后的技术与转移之前的技术成为两种不同的存在状态。[161] 伊德 D. 技术与生活世界：从伊甸园到尘世 [M]. 北京：北京大学出版社，2012.135.

则被发展为各种军事设备[5]。具体看来，火药在中国首先是作为庆典上的烟花爆竹和鞭炮被使用，而在之后被转为军事用途，成为其他破坏性武器的前身。从西方流入古代中国的技术也具有类似的情况。在拉丁文化中，钟表是公共的、用来计时的和社会化的。在现代之前，中国文化的母体不同于西方。在古代中国历法的掌控具有占星的特征，仅集中在皇家的范围内；而中国的皇帝作为历法的所有者将公众隔绝于外[161]。在这种状态下，中国古代钟表在很大程度上仍然是艺术品，或者说是身份的象征。在上述情形中，尽管人工物被转移了，但是我们几乎可以说"技术"没有被转移。或者说，如果把诠释的设备比作文本，那么"文本"被转移了，但却是用不同的方式阅读的。只有当整个阅读过程被转移了，钟表才能变成"相同的"技术[161]。

同样在建筑结构当中，那些看似相同的技术手段，在不同的文化条件和地域特征下呈现出不同的设计结果。通过对典型的东西方屋顶系统进行比较发现：尽管它们的外观和功能要求几乎相同，但结构方法的相似性却不高。这一现象的背后是两种文化和建筑哲学作用的结果。与西方木构建筑相比，在东方建筑传统中除了斗拱出挑的昂之外，几乎不存在直接的斜向支撑构件；同时其屋顶结构的设计没有严格考虑效率或材料的数量，而是为了特殊的结构秩序美。

另外，即便是同属于东方建筑的结构设计，结果也具有差异性。例如尼泊尔的宫殿、民宅和寺院等建筑，多从砖砌结构的外墙伸出大屋檐。这些木结构大屋檐，利用设置于屋檐和砖砌结构的外墙间的斜撑向上顶起，进行支撑，并成为尼泊尔建筑的重要特征之一。相比之下，这种做法在一贯追求仅采用梁柱结构的中国和日本的传统木结构中，是通过层层出挑的梁实现屋檐的支撑[113]。虽然从受力上，传力路径与斜撑的做法并没有什么不同，但可以清晰地看出在不同文化条件下结构选择的多样性。正如建筑师柳亦春所说，结构问题的讨论不仅关乎结构本身，还涉及对结构修辞的讨论；作为建筑内部空间与外部形态的基本联络，这部分内容最终会被记录为建筑文化的一部分[25]。尽管结构表意的功能在工业革命之后被压制，但结构不仅属于科学的解释系统，同时还具有诗意的一面[16]。

5.3 | 结构技术和人文环境的矛盾与整合

5.3.1 结构技术与人文环境的矛盾及其根源

技术与文化从来都不是孤立的存在，两者的相关性既可以是相互促进的积极影响，也会由于两者固有的差异及技术与文化发展的非同步性而形成对立和矛盾的关系。当代技术与文化的对立，通常存在于技术的突变期，即技术"引入了新的形式，与已经存在的有机结构——也就是文化——相异质"[7]。这一现象较为突出地表现于17～19世纪的铁质结构及19～20世纪钢筋混凝土结构的技术突变期。两者矛盾的根源一方面是由于艺术的滞后性，即新的技术形成之后未能形成相应的艺术表达；另一方面是由于新兴技术形象与社会心理相关的传统审美习惯之间的矛盾。

1. 建筑发展过程中的技术&文化"不同步"现象

当技术转变为一种文化时，必然有新的技术作为替代，这时会出现"新兴技术"与已经成为文化一部分的传统结构审美取向之间的矛盾。结构作为装饰的状态是一种技术风格化的观念，很多是对于真实技术或真实结构的隐藏。也就是说，如果某种新技术的模样"惹人心烦"，我们往往会把它藏在装饰下方，伪装成一种已知的模式。因而，很多时候科技明明改变了，却依然维持惯用的形式，这种现象在建筑界一直反复上演[114]。这种技术与艺术的"不同步"现象在希腊神庙及帕拉第奥、波菲尔的设计中都可以看到，但更为突出的展现是在17～19世纪的铸铁建筑及19～20世纪钢筋混凝土结构的技术突变期。

在17～18世纪建筑的发展过程中经常会发现，虽然材料和技术是崭新的，但形式上仍然与古典风格有千丝万缕的联系[163]。这一现象突出表现在铁和钢结构作为建筑结构材料的发展过程中。尽管铁自中世纪以来就被当时的建筑师所熟悉，并被应用于建筑建造当中[13]，但大部分情况下不会作为视觉表达的要素参与建造风格的定义。例如，早在1667年卢浮宫东立面中，克劳德·佩罗已经使用了中世纪锻铁扒钉锚固技术，这种构造做法增加了石构梁柱体系的结构跨度，但其存在不会获得表达。同样，建于1756年的新古典主义代表作巴黎圣吉纳维芙教堂（Ste. Genenieve），也是通过类似的做法，使设计师所设想的独立柱支撑拱顶的非正统做法得以实现——利用锻铁构件将各个部件固定在一起，化解了力学问题上对于文化工程蕴含的本质矛盾[56]（图5-4）。可以看出，尽管这一时期在

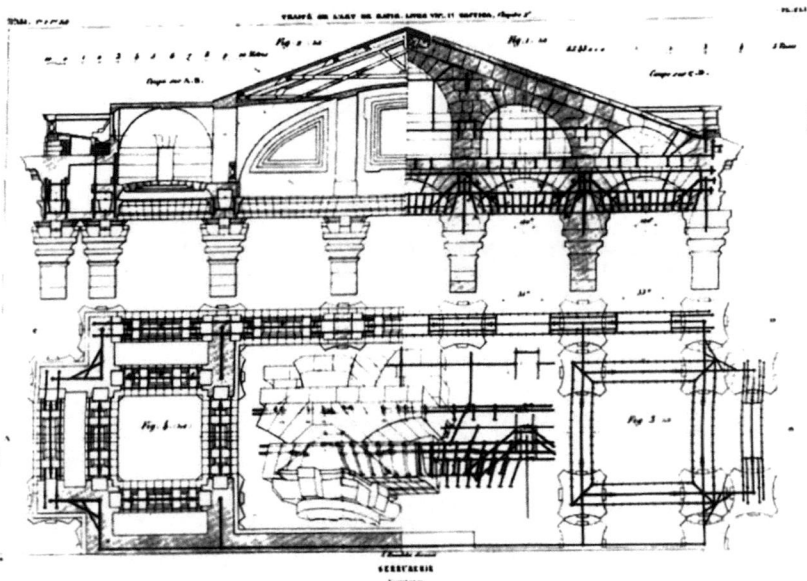

图 5-4 巴黎圣吉纳维芙教堂解剖立面和轴测图
（来源：K. 弗兰普顿，《建构文化研究：论19世纪和20世纪建筑中的建造诗学》）

建筑立面之后的铁链及锻铁制造的压杆、拉杆使得设计者能够在他们预先设定的建筑语言中，更好地表达他们想要表达的内容；但是由于建造技术与建筑风格之间的矛盾，铁质构件始终被视为一种必须被隐藏的辅助结构，这似乎是这一时期最好的选择，也是不可避免的结果[13]。

　　17～18世纪的锻铁构件只是作为加固构件存在，其在建筑表达方面的失语仍然具有一定的恰当性。而在19世纪中叶，尽管铁质结构已经在由工程师约瑟夫·帕克斯顿（Joseph Paxton）主导的伦敦水晶宫那里形成了一套完整的审美表达，但在建筑师的语境中，仍然将其视为一种文化上的威胁。

　　希格弗莱德·吉迪恩（Sigfried Giedion）认为，19世纪科学与艺术的分道而驰以及建筑师与工程师的职业分化，破坏了思想方法与感觉方法之间的联系，使其未能像哥特和巴洛克时期那样将科学的发现在感觉领域里立即找到呼应的对象，并转换为艺术的语言[14]。具体来说，这一时期的工程师仍然从属于建筑师，而建筑师则被孤立于科学进步与技术发展的动向之外，未能认识到现代构筑法中建筑的可能性。由建筑师皮埃尔·库伯斯（P. J. H. Cuypers）和阿道夫·范·根特（Adolf. van Gendt）设计完成的阿姆斯特丹中央车站，更为突出地展现出建筑师与工程师职业分化之后，对于新材料与旧文化之间的矛盾。位于火车站前端的候车室区域主要由建筑师设计完成。这一部分与同时期相同规模的建筑做法一样，虽然其车站主体部分大量使用铁结构，但大部分都被隐藏起来。传达的信息很明确：结构铁是可以接受的，但作为一种工业产品，它在表达层次中排名很低[13]。此外，对于更具争议的站台部分，最初建筑师计划采用传统做法，站台顶部采用温和的双坡屋顶，底部由柱廊支撑，使其从属于建筑候车厅部分的正立面。而工程师莫斯则坚持采用与铁质材料相适应的，宽45米、高23米，大跨度拱桁架屋顶来代替传统的做法（图5-5）。显然，这一做法所呈现出的建筑形象难以融入当时的审美体系，这也使得

图5-5　阿姆斯特丹中央车站站台内部空间
（来源：《Architect and engineer：a study in sibling rivalry》）

工程师莫斯与其他工程师及建筑师库伯斯之间出现很大分歧。尽管，最终建筑师不得不去除了站台山墙位置的各种装饰物来平衡两者的矛盾，但仍然可以看出火车站两个部分之间巨大的形象反差，这种对比与差异的根源正是当时新的结构形态与建筑文化传统之间的矛盾（图5-6）。

图5-6　阿姆斯特丹中央车站候车厅立面
（来源：《Architect and engineer : a study in sibling rivalry》）

　　和铸铁及钢结构相比，由于钢筋混凝土可以作为坚固的墙壁成为建筑的外立面材料，其作为一种新兴技术与建筑文化的融合更快。但是，最初的钢筋混凝土结构立面仍然是模仿石构的古典建筑形象，还未形成符合其材料特性的建筑审美形象[13]。钢筋混凝土技术在1870 ~ 1900年间得到飞速发展，并由弗朗索瓦·埃内比克（François Hennebique）完成对钢筋混凝土系统的开发，形成完善的整体式框架结构。这一时期由于钢筋混凝土结构在1900年巴黎博览会中的广泛应用，而得到了蓬勃地发展，但较多应用于折中主义建筑中，被隐藏在历史建筑语汇形成的面具之后，难以获得审美表达[29]。在此之后，尽管结构理性主义建筑师阿纳托尔·德·博多德（Anatole de Baudot）的推广，将富于表现力的组合加钢筋混凝土技术在其设计的巴黎圣约翰蒙马尔特教堂中得到充分的展示；但其结果是有机的平面和粗壮有力的结构被由多层玻璃同心圆形成的新古典主义的外衣所覆盖而不能得到充分表达[29]。例如，由建筑师马克斯·伯格（Max Berg）与专业混凝土工程承包商戴克霍夫（Dyckerhoff）和威德曼（Widmann），1913年联合设计的世纪纪念堂。在这个大型集中式建筑中，65米直径的圆弯顶的混凝土肋从周边环梁伸出，后者由巨大的帆拱支撑（图5-7）。马克斯·伯格用大尺寸钢筋混凝土构件解决了大空间的问题，但这个巨大的结构在外面被多层同心圆玻璃所掩盖，结果是有机的平面和粗壮有力的结构被新古典主义部件遮蔽而不能得到充分表现（图5-8）[29]。

　　2. 造成"不同步"现象背后的原因

　　通过以上案例可以发现，无论是铁、钢材料，还是钢筋混凝土结构，在建筑风格当中的失语现象，其本质都是由于建筑技术与文化之间的矛盾性。在建筑发展的过程中，一种新的技术除了要形成自己的审美系统，还要克服来自传统审美定式的羁绊。两者的矛盾性主要包含两个层面：其一是新的技术所产生的艺术的滞后性，其二是古典建筑传统与新技术产生的新形象之间的矛盾。

　　对于第一个层面，新建筑材料在其发展初期或许已经成为一种规范化的技术，但仍然难以成为一种富于表现力的技术审美表达，需要进一步对新技术潜在美学经验的可能性进

图 5-7　世纪纪念堂内部结构
（来源：K. 弗兰普顿，《现代建筑：一部批判的历史》）

图 5-8　世纪纪念堂外部新古典立面
（来源：https://www.inyourpocket.com/）

行挖掘[29]。哥特时代技术与美学可以完美统一的重要原因在于当时建筑与结构的整一性。当时的建筑师并不单单应用新工程知识，也能找出足以表现时代特有目标、情感及见解的可能性，使感性与智性的发展可以保持同步[14]。而 18 世纪之后直至当下，由于建筑师与工程师的专业分化，对于"规范化的技术"潜在的美学经验可能性的挖掘则需要打破两者的学科壁垒，才能进一步建立起新兴技术与文化语境之间的关联。例如，虽然早在多米诺体系提出之前，工程师埃比内科就已经在技术层面提出完整的框架结构做法，但柯布西耶通过建筑师与工程师观念的连接将这一工程技术转变为一种可以批量生产的"建筑术"，由此形成了一种基于框架结构的新的建筑形象。由此可见，一种新的技术需要权衡技术与文化审美，以及技术与生产等多方面的矛盾，最终形成一种新的结构技术的建筑语言被接受[29]。这一过程需要工程师与建造师的合作。

　　结构技术与文化矛盾性的第二层面，是建筑传统与新技术产生的新形象之间的矛盾。具体而言，即便新技术体系已经在工程师那里形成一套完整的美学规范，也需要时间的累积才能嵌入其所存在的建筑传统中。其根源涉及技术物件的社会心理学问题①。正如克里斯·亚伯（Chris Abel）所说，"文化变革的速度远落后于科学和技术的革新速度，……科学和技术的突破会引发思维方式的革新，进而随着新的思维方式被吸纳到主流的文化当中，又会为下一轮的技术革新设置新障碍，这说明大众的文化价值观和社会习俗会对建筑产生根深蒂固的影响，并对那些试图动摇它们的技术变革产生激烈的抗拒"[164]。例如，虽然 1851 年世博会所建的伦敦水晶宫，由于是工程师主导的项目可以较少涉及文脉问题，

① 在对技术对象的社会心理学分析中，西蒙顿意识到技术可以通过其具体的呈现方式传达精神意义。技术美的表现形式及其背后的原因也属于社会心理学的范畴，并通过技术与文化的互动获得表达。[7] 朱恬骅. 西蒙栋"技术美学"评析 [J]. 自然辩证法研究，2018，34（05）：37.

而得以从时代的语境中脱颖而出，成功地采用标准技术，并赋予其相符的建筑形式[29]。而对于与其同时期的阿姆斯特丹中央车站等更为重要的公共建筑，则需要承当更多来自主流建筑风格的束缚。正如希格弗莱德·吉迪恩（Sigfried Giedion）对于19世纪公共建筑的评判，"凡是重要的建筑物，能使观看者看过之后觉得获得深刻美感的房屋，均有精巧的历史的衣装……，建筑技术的进步所带来的似乎是使用新方法以获得旧效果时一些实际问题"[14]。

综上所述，结构技术与文化之间的矛盾通常在技术的实用性饱和到某一程度即将出现突变的时期更为凸显。虽然两者之间的对立常常为建筑的发展带来阻力，但从另一个角度来说，这种技术与文化之间的矛盾也是建筑发展的动力，使其得以通过新兴技术与传统文化之间的反复周旋，探寻技术理性与人文价值之间的"中道"。此外，在功能性的结构技术由于文化的排挤而不得不与传统的"装饰"暧昧共存的同时，结构工程师所提供的大量视觉刺激也在潜移默化地改变人们的感知模式，并随着时间的积累转化为一种具有文化价值的新的美学形象。

5.3.2 结构技术与文化的转化

技术与文化之间不仅存在相互制约和对立的关系，在一定条件下也会发生转化。鲍德里亚（Jean Baudrillard）认为，"物品除了具有使用价值外，还有符号价值；而时间的魔力，使得物品的使用价值在衰微，符号价值却在蓬勃生长……旧式物品已经放弃了它的器具性，而单纯沦落为特定的美学形式"[165]。

建筑的结构形式也都是产生于真实的力学需求，随着时间的推移会逐渐向装饰转变，成为一种风格化的建筑语言。正如奈尔维所说，"建筑的结构构件通常起源于纯粹的功能目标，或建造的工艺需求，但随着时间的积累，这些构件会逐渐趋于完善、获得更加丰富的视觉表达，最终演化为纯粹的装饰性构件——这一产生、发展、凝练的过程，贯穿于整个建造历史"[21]。建筑师摩西·雅科夫雷维奇·金兹堡（Moisey Yakoclevich Ginzbueg）将这一过程更具体地划分为："缺少装饰的结构与实用的阶段、结构与装饰完美平衡的有组织阶段和装饰性的阶段"[166]。

其中前两个阶段属于"经过装饰的结构"。具体来看，"经过装饰的结构"是指建筑形态主要由结构系统的形式逻辑决定，极少因为视觉的原因采取更多措施，只是通过一些附加的装饰稍微对结构进行一些可视性的调整[17]。多立克柱式就是一套体现梁柱结构布置的装饰系统，多立克柱式的简支梁跨度和结构尺度取决于横向石材的抗弯能力，柱头和柱础用于支承额枋及把结构荷载从柱子传递到下部基础。哥特建筑中柱的"卷绳"装饰、柱头的设置、墙中束带层的形式等装饰物也都不是结构所需要的，但飞扶臂和尖叶饰的布置都同时承担着重要的结构作用[17]。由于这一阶段的装饰物与"核心形式①"之间的紧密关联，使其获得不同于一般装饰物的特质，可以被视为一种经过活化的本体的装饰[139]。尽管结构装饰物会在"时间的魔力"下呈现出增长的趋势，但在结构与装饰完美平衡的有组织阶段，这种增长仍然是在真实结构基础上合理和必要的延伸。

而在结构装饰性的阶段具体是指"结构本身作为装饰"。如果说"经过装饰的结构"仅是在"量"的层面进行累积，结构装饰性的阶段则在"质"的层面将作为技术的结构转变为作为文化的符号。当结构本身成为一种风格化的装饰时，意味着结构将偏离通常所认定的技术合理性范围，部分或全部失去承受荷载的作用，从而将视觉成为其主要的形式驱动。例如，附加柱的方式，即在不需要的结构部位设置具有象征意义的柱子的做法从罗马时代就开始盛行的。古罗马斗兽场结构拱券外围的希腊柱式并不是受力结构，而是装饰性结构，代表了那个时期对希腊建筑文化的传承[25]。随着附加柱的做法越来越普遍，建筑物正面开始全部采用附加柱进行装饰，室内则使用华丽的装饰柱。甚至，出现一些造型奇异，在结构上、视觉上都没有支撑作用的柱子。这样的柱子失去了作为结构构件的客观性，对其美学价值的评价也呈现出褒贬不一的状态[23]。同样的，在哥特式建筑中，起初具有支撑功能的结构元素随着时代的发展不断丰富，最后无差别地演变成只起到装饰作用的风格化结构。剑桥大学英王学院小教堂的拱顶图案虽然与结构应力线分布存在对应关系而具有结构表现的作用，但这种应力线条并不具备结构作用，只是纯粹的装饰构件。[21]

现代建筑时期，同样存在结构的实用性向装饰挪移的现象，以及结构理性与文化之间的纠葛。尤其是在覆层的出现之后，现代的符号和柱式系统逐渐成为一种风格化的技术，甚至被称为现代建筑的后装饰时代。例如史密斯夫妇（Alison Smithson and Peter Smithson）设计的伦敦经济学人大厦（Economist Building in London）中，预制柱和现浇楼板的结构框架被红色的波特兰石材竖框和拱肩板覆盖。为了使装饰面表示出被它隐藏的结构内力，同时声明它不具备结构作用的特性，石质竖框随建筑的升高，逐渐减小其进深，这与柱子上荷载的减小相一致，然而它们自身并没有承受荷载[139]（图5-9）。由于防火的要求，密斯设计的芝加哥湖滨公寓的钢结构框架必须用厚实的混凝土覆盖，隐藏在玻璃幕墙之后。密斯为了弥补结构被隐藏的遗憾，在与真实结构对应位置添加了钢骨架装饰。这些钢骨架完全起不到任何结构作用，显得烦琐且矛盾（图5-10）。

装饰不仅包括图案，图案的意义仅仅显现了装饰的表面形式，还包括文化的深层结构装饰与人类文化[168]。虽然建筑结构的技术性向装饰性结构转变，预示了技术的发展从颠覆走向衰落的更迭。然而风格化的结构并非无功能，也不是单纯的装饰，在系统的框架里，它有一个十分特定的功能：它代表时间[169]。因此，技术理性向艺术感性的挪移，为结构技术负载了价值，使其得以嵌入到文化的大本营当中。

① 卡尔·波提舍（Karl Popper）提出"核心形式（Kernform）"和"艺术形式（Kunstfom）"的表达方式，作为理解希腊结构的分析工具。其中核心形式是指建筑要素在材料和静力学方面的功能，如柱子的支撑功能；艺术形式是指如何表达这种功能，即希腊人如何用一种既艺术又体现其功能的方式来表现柱子的支撑作用。森佩尔在此基础上提出"结构技术"与"结构象征"的概念。[167] 森佩尔 G. 建筑四要素 [M]. 北京：中国建筑工业出版社，2010.

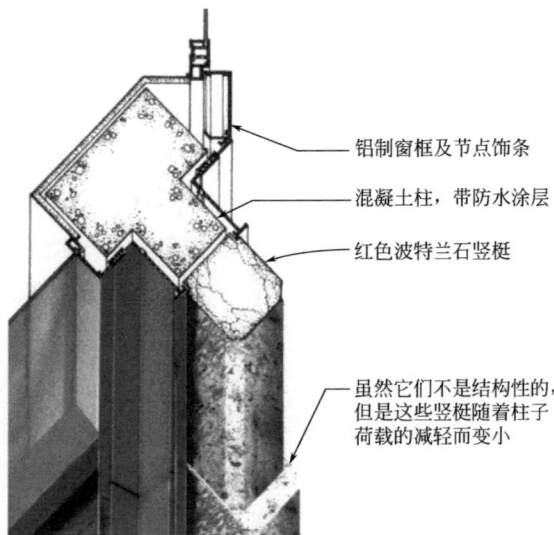

图 5-9　伦敦经济学人大厦结构细部
（来源：E. R. 福特《建筑细部》）

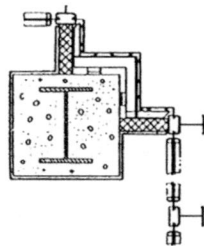

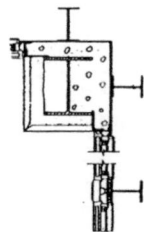

铝制窗框及节点饰条
混凝土柱，带防水涂层
红色波特兰石竖梃
虽然它们不是结构性的，但是这些竖梃随着柱子荷载的减轻而变小

图 5-10　芝加哥湖滨公寓立面装饰柱
（来源：deu.archinform.net）

5.3.3　新兴技术与文化情境的整合

由于技术与文化固有的差异及发展的非同步性，两者之间对立和矛盾的关系似乎是不可避免的，并且呈现出一种周而复始的状态。另外，由实用性结构转变而成风格化的结构，"并非单纯的装饰物，它代表时间"，是构成建筑文脉的一部分。因而，无论是新技术对文化的排挤作出的积极回应，还是为了实现技术理性向文化"二元"拓展，都需要通过整合的方式将原先阻碍技术的文化，以及去除了文化性的技术重新吸纳到彼此的情境当中，即技术的批判建构论所说的技术的"再情境化"。

具体包括两种整合的方式：其一是新兴技术形象与旧的风格化结构在文化表层的并置，即新与旧两种语言在视觉层面的平衡；其二是新兴技术与文化的深层语法结构之间的再造与融合。

1. 新兴技术与文化情境的整合——视觉平衡

尽管建筑中很多结构的做法在技术上是不必要的，但没有人可以完全摒弃旧构造的象征性[139]。从埃菲尔铁塔的形式发展可以看出埃菲尔及其设计团队在"传统形式"的拱与"新兴美学"之间的挣扎①，最终在两者之间选择了一种较为折中的方式（图5-11）。可见，即便是曾经被视为传统文化对立面的埃菲尔铁塔，也存在力学上的"多余之物"，需要在新兴技术形象的基础上，借助传统的拱形结构来获得文化认同。

---

①　1884年埃菲尔和他的团队为巴黎设计了一座包括四组桁架的高塔，塔底部分开，顶端连接。后来这个方案被建筑师斯蒂芬·索威斯特大幅度的修改，他将第一层连在一起，四个主体柱子之间加上拱券，在平台上放置玻璃房间，并在立面上加了一些装饰效果。［2］鲍威尔 K.伟大的建筑师［M］.北京：商务印书馆，2021.155.

图 5-11 埃菲尔铁塔设计阶段的形式演变

（来源：Saint，Andrew《Architect and engineer：a study in sibling rivalry》）

这种矛盾性同样存在于由彼得·贝伦斯（Peter Behrens）设计的AEG透平机工厂（Turbine Factory）中。立面钢框架的结构形式有意隐藏在角落里，并且被厚实的混凝土壁柱覆盖，混凝土的体量由深埋内嵌的金属条强调（图5-12）。在转角处创造出古典建筑稳定性视觉，但实际上，只是采用了一层纤薄的混凝土薄膜，不起到结构功能。同时，贝伦斯无意让人们陷入这种感观错误中，而是利用中间凸出的玻璃窗弱化了壁柱的承载意图，因此看起来仿佛是玻璃幕墙在支撑花山（图5-13）。贝伦斯认为这种对结构的装饰是可以理解的，他指出建筑表现基于两个层面：第一是计算和本体的稳定性，第二是视觉和表征的稳定性。单靠计算的稳定性不足以形成可感知的稳定性[62]。传统的结构形式会带给人们固定的、稳定的形象，这是新的结构形式无法带来的，为了继续呈现这种稳定感，贝伦斯选择了古典的外衣。

图 5-12 AEG 透平机工厂室内

（来源：https：//smarthistory.org/）

图 5-13 AEG 透平机工厂古典立面

（来源：https：//smarthistory.org/）

由亨利·霍布森·理查森（Henry Hobson Richardson）设计的芝加哥马歇尔·菲尔德百货批发商场（Marshall Field Wholesale Store）采用新、旧两种结构体系并置的组合做法。具体来看，其内部结构为铸铁圆柱和锻铁梁，外围立面是具有结构作用的砂岩墙体。理查森通过将框架式结构的楼板与外立面圆拱之间的横楣及水平窗棂结合在一起，使传统的石制圆拱与作为新兴技术的立柱横梁式金属框架这两种完全不同的技术理念统一在一套和谐的视觉系统中，达成使用形式与象征符号之间的微妙平衡[32]（图5-14）。

与马歇尔·菲尔德百货商场相同，由拉布鲁斯特（Henri Labrouste）设计的巴黎圣日内维夫图书馆（Bibliothèque Sainte-Geneviève），同样采用铁质结构与砌筑结构结合的方式。但与前者不同，这座建筑内部铁制的框架结构并没有被隐藏起来，而成为空间重要的视觉构成要素。拉布鲁斯特采用统一和对比两种手法，在技术理性与视觉两个层面将铁和石两种句法结构整合在一起。具体来看，内部承托屋顶的主体框架由两个大尺度的、带有花饰透孔铁肋的筒形拱顶屋架构成，筒拱的端部一部分固定在位于建筑中心部分的一排铸铁柱上，另一部分通过锻铁锚固杆件与砌体外壳锚固在一起[56]（图5-15）。在内部则通过建筑的方式刻意增大两种材料的差异性、提升结构形态的丰富度及实验性的组合，形成两种不同曲调之间的和音[13]。在中间一排纤细的铸铁柱下部设置大尺度的石座，以及铁制构件与石墙之间突兀的过渡都在营造一种视觉反差的效果。在建筑外部，拉布鲁斯特将构架的结构模数关系充分反映在建筑的外立面上，并通过铁肋根部起连接作用的铸铁杆件穿过墙体在建筑的外立面上形成一个个圆形的铸铁铆件，将砖石的句法结构与内部的铁质框架组织在一起[56]。可以看出，这一结合在文化层面的考虑多于结构技术本身的原因，其展示了拉布鲁斯特通过开放的铁质结构与石构的砌筑结构的结合，是对现代纪念性的探索。

图 5-14　菲尔德百货批发商场
（来源：en.wikiarquitectura.com）

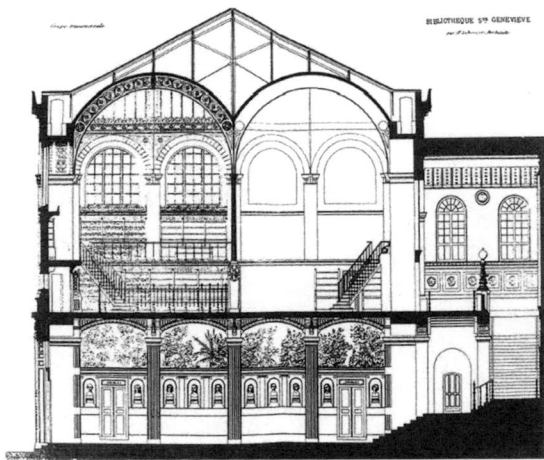

图 5-15　巴黎圣日内维夫图书馆横剖面
（来源：K. 弗兰普顿《建构文化研究》）

可以看出，在以上案例中，建筑师都试图通过技术符号并置的方式，结合尺度、比例及细节的调整等操作，来调和新兴技术与文化之间的矛盾。尽管这种停留在建筑表面的形式游戏难以抵达文化的深层，同时由于"古典的外衣"偏离了结构真实性与合理性规则而饱受争议，但在这种争议和矛盾性当中可以看出结构工程师对视觉记忆的关注和对结构形态的人性化理解，这种理解使得结构技术获得了文化的维度。正如20世纪建筑的重要评论者卡琳·威廉（Karin Wilhelm）对透平机车间的评价，"虽然贝伦斯不想误导任何人对结构的本质的理解，但他显然首先关注的是美学效果……而这种在建筑师的努力和结构的真实性之间的矛盾正是这座建筑独特魅力的来源之一"[62]。

2. 新兴技术与文化情境的整合——深层语法再造

虽然拼贴也是一种当下技术与传统对话的方式，但更理想的方式是将传统作为一种隐形的动力渗透到当下的新兴技术当中，通过结构的真实性与合理性需求和文化性表达之间的平衡，为苍白的技术理性注入活力。

如前所述，传统建筑结构本身都是有文化意义的，比如拱与罗马的关联、钢桁架与工业建筑的关联。这些文化意义，是携带在这些结构形式中的，但是对于这些结构形式的选择并非是要勾连罗马或者工业建筑，那么这就不应该是一个选择的过程，而是一个剔除的过程，就是要摆脱这些既有的文化意义，去创造新的意义，然而结构又是有着自身历史的，于是新的意义被创造。这就需要现代结构本身作为文化符号，将力的图解与文化符号，或者具有历史记忆的技术手法的深层次融合。这种融合使得建筑既有时代性的工业生产技术特征，而非退回到前工业时代做一些表面的模仿，同时又不放弃其延续数千年的再现功能，布置成为技术表达的奴隶和工具[170]。

作为一个具有很高历史意识的工程师，奈尔维被誉为"新时代恢复文艺复兴荣光"的建筑师，在众多的现代技术与古代遗产之间架起了桥梁。在他的一些建筑语汇中可以从中窥到意大利历史建筑的痕迹，但两者的相关性主要是在构成原则层面，不仅仅是在表现形式上[32]。例如，在1936~1939年为意大利空军设计的一系列飞机库中，奈尔维采用双向密肋结构形成的格架支撑在成对布置的锥形墩子上。这种以拱形形式主导的结构体系效仿了哥特式建筑的骨架券和飞扶壁的视觉张力，以及公元2世纪的罗马万神庙（Roman Pantheon）的穹顶当中的古典方格天花[32]，拱顶整体结构形态的控制与帕拉第奥设计建造的维琴察市政厅拱顶存在着某种关联性（图5-16），但是可以看出这些古典建筑的形式语汇，已经经过技术的转译成为新的结构语言。安藤忠雄设计的1992年世博会日本馆，是由四根木柱组成的束柱和胶合木柱式相结合构成的悬挑结构，其结构构成参照了我国古

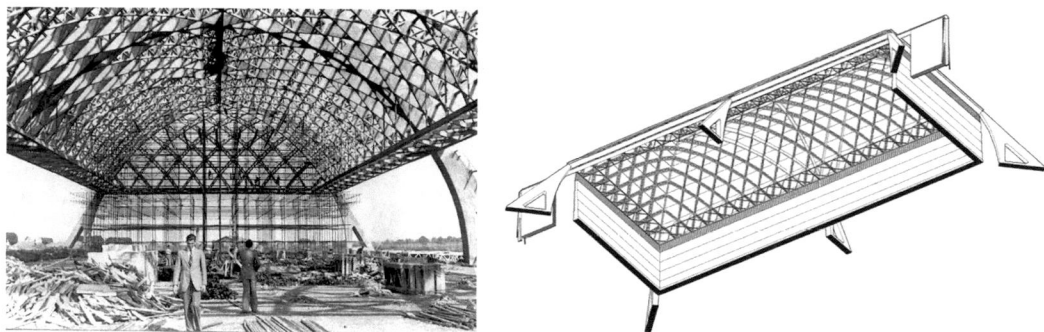

图5-16 奈尔维 意大利空军飞机库
（来源：Thomas Leslie《Laborious and Difficult：The Evolution of Pier Luigi Nervi's Hangar Roofs，1935-1941》）

代经典的斗拱形式，建筑整体没有为装饰的目的而添加多余构件。这种由精湛结构技术创造出的艺术效果，产生了极佳的愉悦审美，将技术的逻辑上升到更高层级的艺术水平。又如由大舍建筑事务所设计的上海龙美术馆，概念起始于伞拱（Vault Umbrella）的结构体。其结构本质上还是一个悬挑的伞形结构，但是又跟拱相关，因而也产生了古典建筑的感觉，甚至很罗马的感觉，但又不是古典建筑，反而很现代。

除此之外，结构的文化价值不仅存在于那些已经具有确切被符号化的结构图像当中。在一些情况下，传统技术对当下的设计问题同样具有启示性，这一方式使其不仅仅作为符号被传承，更是作为一种具有活力的技术手段在当下的技术语境中获得发展和演绎。乌拉圭建筑师埃拉迪奥·迪斯特通过对加泰罗尼亚拱（Catalan vault）①这种传统结构的创造性提升，发展出一种低技高效的结构形式。加泰罗尼亚拱对高迪和柯布西耶后期的建筑设计有着影响深远，但迪斯特对这种传统的加泰罗尼亚拱顶的使用与前两者都完全不同。他寻求当代的方法，利用多跨连续拱结合水平边梁以及局部内置预应力钢筋的方式化解了边缘的侧推力，将拱顶与支撑墙和扶壁分开，形成一种与传统拱形结构相反的轻盈的建筑语言[171]。例如，在为北部饮料公司（Refresco del Norte）设计的仓库项目中，连跨拱顶每条凹脊的位置仅有两根结构柱支撑，轻薄流畅的拱形薄壳几乎飘了起来；同时结构深远的出檐更是表现出令人惊讶的轻盈和纤细[172]。无独有偶，与其同时期的西班牙工程师爱德华·托罗哈也通过继承地中海复合陶质面层和鞍形拱的工艺传统形成自己的结构语言。1935年他在马德里附近设计的查瑞拉赛马场的看台，细长的波形屋面，仅有10厘米厚，并采用成片的超薄双曲壳建造。通过悬挑与交叉弧线的原理获得了巨大的跨度，而不用借助横梁就可以产生必要的强度。托罗哈的设计理念被许多拉丁美洲国家所借鉴，并随着时间的推移，使其有限技术手段的、有表现力的工程技术变成了20世纪的一种文化[32]。

在当代建筑中，瑞士结构师康策特的结构设计常常从传统结构做法中汲取灵感，通过将新的技术应用于集体认知的原型和传统的建造工艺，改良传统结构的力学性能。他认为，"历史上的案例，更像是背景音里的细细私语，并暗示着一条可能的设计走向"[149]。在与建筑师吉翁·卡敏纳达（Gion Caminada）合作设计的瓦尔附近农耕小镇的社区学校（Scuola School）及多功能建筑项目中，康策特和卡敏纳达对当地民居中大量使用的传统的井干式结构的构造潜力进行重新挖掘，提取其结构承载能力以应用于跨度更大的公共建筑中（图5-17）。通过在传统的井干式构造中植入钢筋，将木檩条与钢筋相互捆扎在一起，进而通过混凝土将木模板的表面与缝隙接合之后，形成双层的楼板。这一做法不仅使得当地的井干式结构作为一种图像记忆得到传承，而且通过与当下技术手段的结合使其作为一种有效技术策略，嵌入到当代的建造需求当中，在传统与现代的交织当中焕发新生。

---

① 加泰罗尼亚拱顶源自西班牙的一种薄砖石结构的建造传统，其材料内部只受压力不受拉力作用；但与一般的楔形砌块拱不同，这种薄型拱更加高效，同时建造过程无需模板建造，依靠砌块间以及砂浆的相互作用使结构稳固。

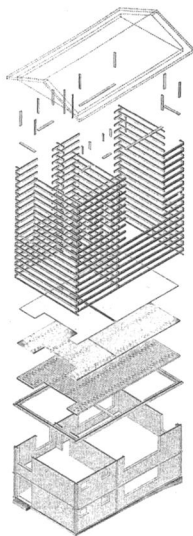

图 5-17　瓦尔附近农耕小镇的社区学校
（来源：Carlana，M.《Jürg Conzett，Gianfranco Bronzini，Patrick Gartmann : forme di strutture》）

　　由此可见，无论从何种角度，建筑结构与文化之间的相关性是不可否认的，表面的装饰或是结构整体形态与文化符号的耦合，都可以说明这一点。然而，无论是并置还是融合，结构嵌入文化的过程都需要建立在理性的基础之上。任何一种对结构艺术化的处理，都应该是经过深思熟虑的结果，而不是对技术图像的恣意把玩。

5.4 ｜ 结构技术和自然环境的矛盾与整合

　　海德格尔认为，"技术的本质绝对不是技术的，而是一种看见自然的方式，是让所有本质上的东西自我揭示，……而技术本质的最深处是极度自然的，其是对自然现象的合奏，所有的技术都是对自然的编程"[117]。对于建筑结构而言，其技术与自然之间的关系编程至少体现在两个方面。首先，正如建筑与自然的关系是一种本体与再现的关系，结构与自然也存在这种关系，即结构形态对自然形态的模拟。但不同的是，结构对于自然的模拟具有科学性。因而结构与自然的模拟中存在技术迁移与情感迁移两个层次。此外，结构与自然的关联性不仅关乎于形式和原理的模拟，还体现在更深层次的结构理性与自然存在物之间的适度关系。诺贝格·舒尔兹（Norbert Schultz）认为"物、秩序、特性、光线和时间是对自然具体理解的主要范畴，其中'物'和'特性'是大地的向度，'秩序'和'光线'则取决于苍茫"[44]。综合以上，本节将从结构对自然的拟形、结构与天空的关系（结构与光的关系）、结构与大地的关系三个方面，来具体地讨论结构与自然的关联性。

5.4.1 自然形态的力学模拟

1. 结构模拟自然的双重意图

结构仿生（Bionic Structure）是将大自然视为比人类技术效率更高、最有效"机器"的假设下，利用自然结构的普适性和简单性原则，通过人工结构对自然结构"最佳构型"的模拟，优化建筑结构形态、提升结构效能的一种方法。例如，结构师巴克敏斯特·富勒（Buckminster Fuller）的短程线穹顶受到放射线虫结构形态的影响，在此基础上发展出协同几何的理论（图5-18）[173]。罗伯特·勒·里科莱（Robert Le Ricolais）是将自然形态转化为结构模型的先驱，通过类比自然形态和结构模型在形式和结构层面的相似性，通过数学对自然形态的简化描述，里科莱发现了包括空间网架结构、索网张力结构、张拉整体结构等多种结构形式[174]。

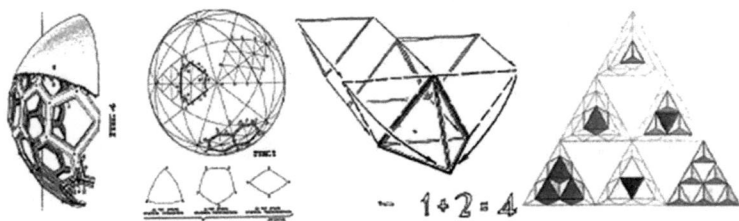

图 5-18　富勒短程线穹顶与协同几何概念图示
（来源：Agustin Perez-Garcia《Natural structures：strategies for geometric and morphological optimization》）

尽管，现代工程学的发展深受自然结构的启发，但实质上人造的结构与自然的结构之间在技术层面存在很大差异。首先，结构的经济性与大自然的经济性之间存在差异，自然物中的"最佳构型"并不一定是建造过程中最具经济性的结构选择。为了模拟自然结构中由力形完全拟合的非线性形态，需要耗费大量的人力和物力[173]。从另一个角度，也可以说明结构仿生的目的并不一定指向结构效能的提升和结构技术手段创新。在一些情况下，建筑结构只是对自然结构外在形态的模仿，并不追求内在力学构型的一致性。例如，北京国家体育馆的结构设计中，随机排列的纵横交错的钢元素看起来是对鸟巢结构的模仿，真实的结构做法是48个与屋顶中央洞口相切的变截面平面钢架结构系统（图5-19）。

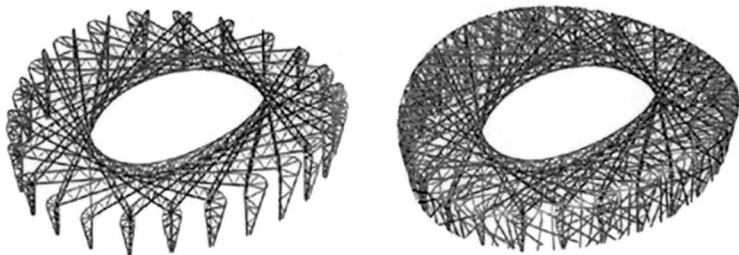

图 5-19　鸟巢结构模型
（来源：Archdaily）

　　那么，结构对于自然的模仿最具吸引力的地方是什么？通过以上两部分内容可以得出，尽管对自然的模拟为建筑结构带来了新的形式、实现结构技术创新，但不得不说，这并不是结构模拟自然的全部动因。通常结构对于自然的模拟，除了处于技术迁移的原因之外，更是出于对自然的情感投射。甚至，在一些情况下，后者才是更为根本的原因，而技术的选择在某种程度上可以视为一种合理化的托词。

　　从建筑的角度，传统建筑就是通过对自然的模仿来提升结构的艺术性。正如第3章中所提及的文艺复兴时期建筑的真实性问题指向建筑对于自然的模仿，这种模仿包括对树和人的身体。沃林格（Wilhelm Worringer）曾对文艺复兴时期传统的欧洲艺术进行总结，提出"从文艺复兴到印象派风景画，是通过移情的原则，使主体和客体、人和自然彼此交融，进而深入到自然、岩石、大海和山林中去表现心灵的品性[175]"。而19世纪科学的发展使得建筑对自然的再现转变为对其自身结构逻辑的再现。结构理性主义者也纷纷从结构理性的角度去解释原本从自然脱胎出来的建筑形式。例如，卡尔·波提舍认为古希腊柱头的形式揭示了其上部柱顶板的重量，森佩尔（Gottfried Semper）认为其凹槽极好地表现了柱子的承重作用。然而，自维鲁特威以来，多立克柱式就一直被当作人体的模拟物：柱头和柱身凹槽分别是额头和肋骨的模拟物；柱子形式与荷载的分布不存在直接的因果关系[170]。事实上，在柱式文化的成熟期，柱子的"表现法"已经充分吸收了古希腊神话所反映的人本主义世界观的社会性内容：人体是最美的[25]。

　　如前所述，与19世纪结构理性主义者对希腊柱式的误解如出一辙，虽然结构对自然的模拟有其科学性的一面，但很多时候这种模拟行为的形式意义大于技术本身的意义。与之不同的是，即便由于自然物和人造建筑对力学要求不同，当自然的技术转移到建筑结构当中时已经失去了高效性；但从技术理性的角度，这种转移仍然需要建立在技术逻辑性的基础上。因而，不同于单纯的建筑形态对于自然的模仿，结构构型与自然形态的同构具有技术和情感的"双重意图"。在结构对于树这种常见的自然模拟物进行技术迁移的过程中，可以看出这种"双重意图"的表达。

　　2. 树形结构对自然物的模拟

　　长期以来，建筑师和工程师一直将自然，特别是来自植物的概念，作为结构设计的灵感来源，形成生物结构的目的与我们自己对结构的目标之间的某些对应关系。在中世纪哥特式建筑呈现出与树木相同的几何形式，其肋状的尖拱结构就像石质的树枝，将力流以分形的方式从顶端传递到基础[176]。19世纪，新艺术时期的安东尼奥·高迪（Antonio Gaudii Gornet）被赞为仿生结构的先行者，在他设计的圣家族大教堂中，使用了大量的仿生树状形态柱，支撑着高低错落的拱顶，并利用逆吊模型试验模拟力的图形（图5-20）。德国建筑师弗雷·奥托（Frei Otto）对钢结构进行了早期的树形结构（Dendritic Structure）实验，并对树形结构的悬挂模型进行了系统地研究。20世纪钢筋混凝土的发展使得结构师可以通过双曲几何的形式模拟树的复杂形状。例如，由赖特设计的约翰逊制蜡公司行政办公室，内部的管状柱子来源于自然界中的蘑菇结构。在当今的先进技术中，通过物理模型实验来确定形状已经被计算机模拟所取代。例如，在首尔的建筑与城市双年展期间作为室内装置而建造的真菌树（MycoTree），是3组由菌丝制作而成的结构单元装配而成的三维树形结构[177]。结合数字化建造和参数化设计的方法，利用3D图形静力学的结构找形方法生成纯压力作用的结构形式，使菌丝这种低强度的材料发挥出超越自身的结构承载能力。

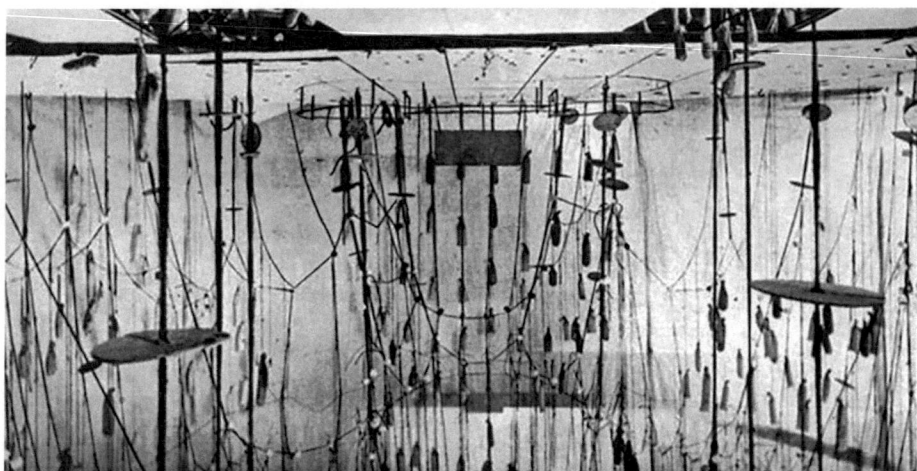

图 5-20　安东尼奥·高迪逆吊实验
（来源：Sandaker，Bjørn Normann《The structural basis of architecture》）

　　结构对树形结构的模拟通常是为了获得与自然物相同的效率。树形柱荷载传递由一点变为多点，提供了更多的传力路径；同时受力点与支撑之间的距离较短，支撑覆盖范围大[178]。在一定条件下，树状结构确实可以获得与常规结构更高的结构效率。但事实上，这种从植物枝干中迁移过来的树形结构与天然树木的受力机制有很大的不同。首先，天然树木的结构仅需要承受自重，其结构形态的目的是尽可能多的增加树叶的受光面积。枝干有自由端，最上面的树枝很细、缺乏刚性，甚至在微风中也可以自由摆动，相当于受弯矩作用的悬臂结构。而建筑中的树形结构通常需要承受屋面荷载，荷载以压力的形式传递到柱头端部，柱头端部通过水平承重构件连接。例如，由德国GMP设计的斯图加特机场中对于树形的模仿并没有使其获得较高的结构效能。首先，树状结构的管状构件向多个方向分化，以及构件倾斜角度的增大，意味着结构自重和端部荷载的增加。位于最外部尺寸最小、视觉上最脆弱的支柱，出挑最远同时承载着最大的荷载。同时，不同于自然生长的状态，建造中变截面多角度的交叉构件极大地增加了加工建造的难度。这都意味着建筑当中的树形结构技术与自然界中树的形态之间缺乏一致性。从建筑整体的角度来看，树形结构的设计具有其自身的合理性。树形结构的力流表现，让人们有机会把对于环境的感知与对于重力的物理经验连接起来[114]，产生一种令人愉快的森林的印象，与钢结构的金属材质叠加在一起形成人工与自然两种方式的视觉叠加（图5-21）。

　　由此可见，除了对于结构技术的迁移之外，建筑对自然树形模拟的另一个动因是与自然存在物之间的情感投射。在一些情况下，建筑中的树形柱通过简单的构件组合形成的对抽象树形的意向表达。甚至放弃对数学的树形结构逻辑的迁移，直接以将树干置换为支撑柱的方式，来建立自然与结构之间的关联性。例如，日本传统房屋或茶室中孤立的树干柱，将这种未经过加工的自然材料，引入到由相同材料建造但经过加工和抽象化的建筑环境中，以突出对于"树"这一形象的表达[139]。正如当赖特谈到"有机结构"的问题时，写道，"所有试图揭示生命的做法都是愚蠢的，就像切开鼓面去寻找声音的来源一样；但是我们可以从有关形式与结构的明显事实的学习中得到利处，作为优秀建筑的基本法则[95]"。

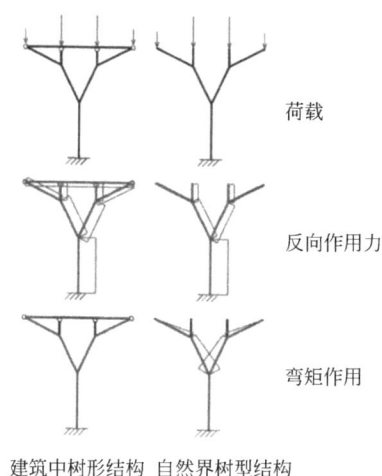

荷载

反向作用力

弯矩作用

建筑中树形结构　自然界树型结构

图 5-21　斯图加特机场
（来源：《Phyto-Inspired Design：Innovative Solutions for Architecture》）

5.4.2　结构与光的同构

两种力量控制着宇宙：光和万有引力[22]。

——西蒙娜·韦伊（Simone Weil）

　　无论是处于自然环境还是城市环境中的建筑物，都难逃自然要素的"干扰"。结构除了要承担自重及人与家具等活荷载以外，还要解决自然施加的荷载，并且这部分荷载比前两者更加复杂，尤其是在一些自然环境较为特殊的地域更是如此，所以在自然中，风、雪、土地经常需要结构做出某种回应。然而，与前者不同，光无法通过重力的作用影响结构。即便如此，光与结构的相关性并不亚于其他自然要素。路易斯·康认为，"结构是光的制造者"①，当你决定了结构，你就决定了光线。可以说，结构通过技术的方式，回应了其他在万有引力作用下的自然要素；对于光，结构通过力与光的合奏获得对于"自身之外

---

　　① 结构是光的制造者。柱子和柱子之间带来光明。它是黑暗——光，黑暗——光，黑暗——光。从柱子中，我们可以看到一种简单而美丽的节奏，美从原始的墙壁和它的开口演变而来。[109] Kahn L I. Louis Kahn：essential texts [M]. New York：W.W. Norton，2003.231

的事物"的表达。

　　传统建筑中，结构与光"合奏"的方式更多是通过厚重结构上的开洞，以获得尽可能多的自然光线，并以此为动力形成各种组合的穹顶结构，推动了结构技术的发展。在当代，结构的技术能力已经足够应对建筑的采光需求，结构构件尺寸可以做到尽可能小以提高透光率，甚至可以通过透明支撑的方式做成全玻璃结构。因而，结构与光的"合奏"不仅仅通过结构的技术策略对洞口的结构强度进行补强，还通过过滤和反射等方式来控制室内光线的效果。也即是说，结构的形态和设计不仅是力学需求下的结构，同样也是光学需求下的结构。这就需要在概念阶段，将光线的设计纳入整个结构设计的考虑中，在满足结构合理性的前提下，通过对结构的语言与光的语言、结构的逻辑与光线的逻辑之间的调和，在两种并行的需求中找到一种适度的平衡。由建筑师伦佐·皮亚诺设计的梅尼尔收藏博物馆（Menil Collection），屋顶梁由桁架与弯曲的钢丝网水泥壳组成的复合梁。而这种复合梁的做法不是出于力学的需要，而是对于结构梁双重意图的诠释，其中钢桁架的部分指向了力学的意图，"百叶"的部分指向光的意图。如果是力学单一意图下的做法，复合梁似乎不是很好的结构做法，但如果从设计的初始阶段就将结构视为力与光的综合机制，那么复合梁的做法就是最合理的选择。另外，从视觉上看起来似乎叶子只是一个控制光的装置，没有结构作用。但实际上，"百叶"在结构上作为梁的组成部分而发挥着作用，"百叶"通过降低桁架结构的应力，而缩小了构件所需的尺寸（图5-22）。

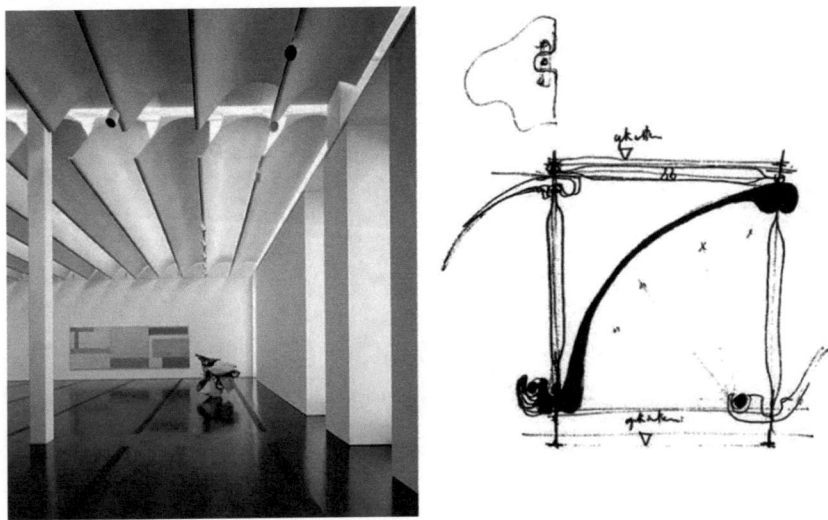

图 5-22　梅尼尔收藏博物馆

（来源：Sandaker，Bjørn Normann《On Span and Space：Exploring Structures in Architecture》）

　　值得强调的是，尽管结构的需求和光的需求存在一定的互补性，在一些情况下可以在技术层面解释两种设计意图整合的优势。仍然不能否定在更多时候，当我们选择将光的需求成为控制结构形态生成的主要因素时，不得不在一定程度上寻求以结构效率的退让及结构复杂性的增加为代价。例如，位于柏林的八兆隆域火葬场中光线出乎意料地通过柱子和圆形屋面及长向墙体和屋顶结合处之间环形的部分进入吊唁大厅。这两个结合部位通常是重力和横向荷载受力比较重要的部分，但由于光线的考虑，改变了荷载的传递方式。由挪威建筑师斯维勒·费恩（Sverre Fehn）设计的威尼斯北欧馆[179]，通过两层紧密排布、以正交方式放置的双层薄混凝土梁（梁高1000毫米、厚度是60毫米），营造出漫射光的环境，来呼应北欧国家无影的世界。这种非常规的梁截面比例由当地的夏至日太阳高度角（水平方向60度）决定，其目的是确保阻挡直射太阳光的射入，形成与北欧相同的光照环境。另外，这种双层薄壁梁系统的设计也使得树木可以在没有任何竖向支撑的情况下穿透屋顶。最终，通过树木开口照射进来的直射光和由梁表面反射的漫射光在这里相遇，将结构和光的体验达到了一个特定的强度[180]。但从技术的角度，需要打破网格梁的做法，将双层梁以相互支撑或悬挂的方式形成洞口——即被打断的下层的梁悬挂在相应位置的上层的梁上，上层的梁被打断的位置由下层的梁承托。同时梁构件的截面高细比很大，属于薄壁梁，并不是合理的梁断面尺寸，但在建筑和结构一体的语境里这一系列复杂的结构操作实现关于光线的设计意图，而实现了一种"恰如其分"的合理性（图5-23）。

图 5-23　北欧馆
（来源：Archdaily）

　　由于结构对于光照环境的考虑而增加结构的复杂性，结构于光的关联性并不仅仅体现在结构对于光线的强度和质量单一方向的影响，光线及其所形成的阴影也会强化结构的表达，改变人对于结构的感知，甚至赋予结构超越物质的象征意义。在整个"结构制造光"的过程中，光也成就了结构的表达。例如，位于瑞士的圣·本尼迪克教堂，通过内部柱子穿过天窗的前面，表面的亮光降低了其自身的清晰度和相对于天空阴沉的侧影，加强了屋顶的漂浮感[34]。落成于1966年圣哈尔瓦德教堂（St. Hallvard Kirke），使用吊挂的混凝土壳体，在中央形成一个倒置的穹顶，从教堂中部向祭坛方向逐渐上升。而空间微弱的光线控制及其所形成的阴影——光作为一种"物质的制造者"①增强了倒挂穹顶的重量感[22]

────────────

　　① 　路易斯·康认为，"光，所有存在的给予者，是一种物质的制造者，而这种物质被制造出来投下阴影，而阴影属于光"。

与神秘的精神氛围。

结构原本受制于力的作用，而其受到光源撞击的那一刻，也随之变成光源本身[114]。在"二元"建筑结构的思考中，通过结构技术理性与光的感性认知整合，将万有引力与光这两种控制宇宙的力量积聚在一起，形成人造物与自然之间的对话。在某种程度上，在观察建筑结构时，可以将光视为一种物质，结构是设计光的节奏和"形状"的工具，用来选择光的数量、方向和颜色；而不是作为支撑荷载的工具，那么我们的审美体验也会随之改变[15]。

5.4.3 结构与大地的同构——漂浮和对话

通常对于结构漂浮状态的感知较为密集的发生在当结构支撑相对于大部分支撑形式来说是小的，或者支撑隐藏或位于远离看似漂浮的东西的地方[34]。不同于为了实现炫技而形成的超大尺度悬挑，本节内容所讨论的结构漂浮不是以单纯的技术的崇拜为目标，而是通过一种陌生化的受力状态表达建筑与自然大地之间的对话关系。这种对话有时是为了表达一种反叛的、摆脱重力束缚的欲望；也可以是通过漂浮的状态在自然与建筑之间创造可以缓冲的缝隙，用以表达人造物与自然之间依存、尊重和对话的关系。

库哈斯曾将波尔多住宅比喻为"一座可以放眼远望灯光点点的大地的盘旋的魔毯[71]"。这种对于悬浮感的追求在这里代表着一种建筑反抗重力的斗争，"与人类天性中想要摆脱物质和重力的束缚、实现飞翔的渴望相呼应，这就是巴什拉的'重力心理学'所表达的心理上的二元性"[22]。这种结构与大地之间的"抗争"通常表现为由超大尺度的悬挑形成的一种视觉上不平衡和失重感，并通过接触点的缩小或结构的消隐使之强化。例如在斯图加特的特伦普夫工厂（Trumpf Factory），22米的悬臂屋顶仅由四根柱子支撑。内部屋顶结构收集并将力从桁架传递到四根竖向支撑柱，半透明的幕墙弱化支撑的存在，将结构表达的重点集中在水平构件上。由于侧面桁架下方缺乏垂直支撑结构，顶棚的轻盈感被强化。位于日本千叶县城的长尾鳕博物馆（Hoki Museum）共有三层，建筑的一部分飘浮在空中，一层在地上，两层在地下。这个廊道在平面上缓缓弯曲，大约100米，通过30米的悬挑传达了类似的漂浮感。精致的细节暗示着钢地板和墙壁的厚度只有一层钢，增加了轻盈的感觉。同时在钢管结构接近地板的区域开设连续的玻璃带，更加强调了这种漂浮感，但也使箱体结构的作用受到影响，增加了设计复杂性和建设成本。

另外，这种结构的悬浮不仅可以表达结构与大地之间的抗争关系，还可以呈现出一种稳定、轻质的姿态，通过水平方向拉长建筑和大地之间的间隔，在建筑和大地之间形成更为柔和的对话关系。由埃德瓦尔多·西扎（Álvaro Siza Vieira）和巴尔蒙德设计的1998年世博会葡萄牙馆（Expo'98 Portuguese National Pavilion），这个跨度70米的悬吊的屋顶结构是由高度拉紧的钢索外包裹很薄的混凝土覆层形成，由两侧端墙抵抗垂直和水平向的作用力。也就是说，在视觉上索的部分是被隐藏起来，给人感觉是混凝土薄板在受拉，产生一种不可思议的状态（图5-24）。同时这个由悬索结构覆盖的空间是建筑语言的核心部分,同时这个开阔的空间与屋面的投影将整个场所的外部空间汇聚起来,形成公共活动的场所,以及建筑主要的出入口。同时这个薄板与两侧的支撑混凝土形成视觉框景,将远处的海岸线与建筑整合在一个场景中,形成互动。这种视觉的感知与屋顶形成的张力交织在一起,诉说着某种超越时空的语言。索线支撑下的混凝土薄板呈现出的轻盈之感与混凝土材料本身的厚重形成反差,使得这个薄板的语言变得模糊而生动。由妹岛设计的位于瑞士洛桑的劳力士学习中心(Rolex Learning Center),由两层结构组成,底层17米×10米的混凝土框架结构支撑着600毫米厚的预应力混凝土壳体,最大跨度约80米;壳体上部由细长的钢柱排列在9米×9米的网格上,支撑着钢梁(图5-25)。在外壳落地的地方设置墙柱抵抗垂直力,利用底层楼板平衡掉部分由抗壳体结构引起的水平推力。从立面上看,建筑底部与大地之间形成开放空间,将内部采光庭院与外部环境连为一体。建筑利用底层的混凝土壳体结构的跨越能力,仅在离散的区域以点状的形式与地面连接,形成一种漂浮的状态[181]。

图 5-24　1998 世博会葡萄牙馆
(来源:archdaily)

图 5-25　瑞士洛桑的劳力士学习中心
(来源:El Croquis 155)

"大地既是一种实际的存在,也是一种隐喻的存在,大地暗含着归回,人对大地有着割舍不断的情节,它的结构、运动深深地影响着我们的存在"[45]。因而,结构与大地的关系不仅仅在视觉和物理的层面,还影响着人地关系形成和人类身份的认同。比如,在巴西建筑师的设计中可以明显地识别出结构对于城市公共性等社会问题的反思。门德斯·达·洛查(Mendes da Rocha)同样通过结构对大地的改造,以及两者关系的重塑,产生一些对社会的回应。在圣保罗体育馆的设计中,六根混凝土柱呈放射状分布,由钢筋混凝土环梁连接,周长约60米,每根柱子的顶部都安装有双向钢索,以拉动轻佻的金属屋面。混凝土和钢的混合结构使得向外悬挑的屋顶结构十分轻盈,仿佛悬浮在空中,与土地形成了充满张力的对话。场地策略上,达·洛查首先利用结构与地面之间的虚空重整了地形,在靠近街道一侧形成高起的堤,并留出嵌入地面的通道达到内部空间,使得架空的底层向街区打开的同时保证了建筑的私密性(图5-26)。1970年大阪世博会的巴西馆是洛查自己建筑理念的结晶，他认为建筑是一种重新思考大地景观的方式。通过地形的重塑，将三个支点巧妙地埋在地下，仅仅在一个点由一对极具雕塑感的交叉拱支撑。巨大的混凝土与玻璃屋顶仿佛直接被自然的山丘支撑，让人印象深刻。同时，由支点形成的高低起伏的地形自然地划分空间，引导参观的流线。可以看出洛查将技术、建筑与城市的思考融合在一起，展现一种试图通过改造大地环境而影响社会的想法（图5-27）。

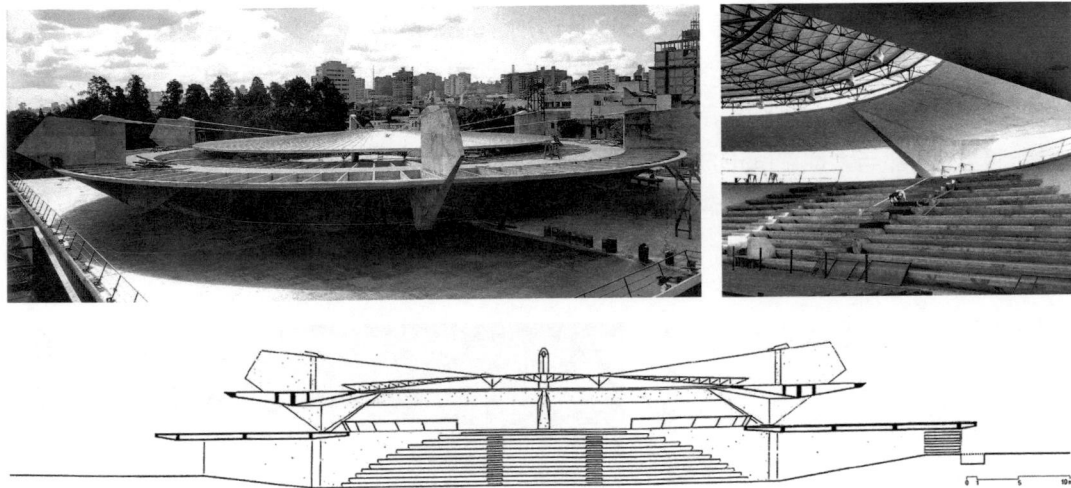

图 5-26　圣保罗体育馆
（来源：archdaily）

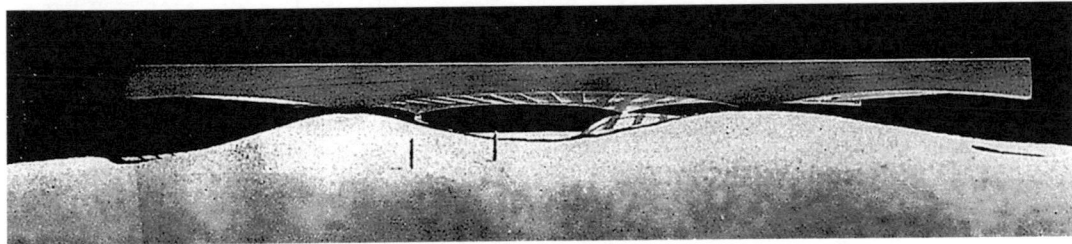

图 5-27　大阪世博会的巴西馆
（来源：archdaily）

5.5 ｜ 本章小结

本章通过将结构问题置于技术——自然——文化的整体语境下，讨论结构的技术与建筑外部的非技术属性之间的整合。在对结构技术与文化的关系进行分类讨论之前，先从技术哲学的角度，理清技术与文化的总体关系；进而从结构技术与文化、结构技术与自然这两个主题出发，对结构技术与外部世界的相关性及其整合方式进行讨论和研究。

首先，通过对技术工具论、技术实体论、技术批判建构论三种技术哲学观点的讨论，总结出技术哲学观点从技术"一元"向技术与文化"二元"的演化过程。其中"技术工具论"观念强调技术的价值中性，即技术只包含自然的技术属性。"技术实体论"认为技术负载价值且具有双重属性，但二者之间的关系是技术对人的单向决定作用。芬伯格等研究者，在综合技术本质主义和建构论的基础上提出的"批判的技术理论"与本书的技术主张相一致，其属于技术的非本质主义，认为技术"双重"属性之间存在双向作用的关系（表5-1）。

技术工具论、实体论与批判建构论的对比　　　　　　表 5-1

名称	双重作用	类型	内容		拓展方向
工具论	中性	本质主义	单一属性（技术属性）	不负载价值	中性
实体论	单向决定	本质主义	两重性（技术＋非技术）	负载价值	技术自主性
批判	双向作用	非本质主义	两重性（技术＋非技术）	负载价值	技术自主性 人的自主性

其次，在技术批判理论的框架下，分别从技术自主性与人的自主性两个方面，讨论结构技术内在技术、文化"二元性"及两者之间的关联与影响。一方面，作为建筑技术的一部分，结构的发展不仅带来建筑建造能力方面的提升，对建筑的空间自由度与形态多样性方面产生积极的作用，同时也在意识形态和观念层面引发了建筑理论和设计方法的改变。另一方面，虽然对于"总体的技术"的确定性面前，人的选择受限于技术的自主性，但在面对更为具体技术问题时，"个别人或个别群体在具体技术领域的有意识的行为，有可能对新技术环境的塑造产生积极的作用"。对于建筑结构而言，从结构技术整体的发展来看，总体的技术发展动力很明确指向结构效率的提升，但在更加微观的场景之下，非技术理性的文化和情感因素仍然有介入的可能性。

再次，在理清结构技术与文化相互作用机制的基础上，进一步对技术与文化的矛盾、转化、整合三种关系展开讨论。得出技术与文化两者矛盾的根源，一方面是由于艺术的滞后性，即新的技术形成之后未能形成相应的艺术表达；另一方面是由于新兴技术形象与社会心理相关的传统审美习惯之间的矛盾。同时，结构形式也都是产生于真实的力学需求，随着时间的推移会逐渐向装饰转变，成为一种风格化的建筑语言。而这一技术理性向艺术感性的挪移，为结构技术负载了价值，使其得以嵌入到文化的大本营当中。进而提出，无论是新技术对文化的排挤做出的积极回应，还是为了实现技术理性向文化"二元"拓展，都需要通过整合的方式将原先阻碍技术的文化、与去除文化的技术重新吸纳到彼此的语境当中。具体包括两种整合的方式：其一是新兴技术形象与旧的风格化结构在文化的表层的并置，即新与旧两种语言在视觉层面的平衡；其二是新兴技术与文化的深层语法结构之间的再造与融合。

　　最后，在结构与自然的同构中，讨论了结构对自然形态的力学模拟、结构与自然要素的同构、结构与大地这三种结构与自然相互作用的方式，以及在这一过程中通过结构力学与自然之间的互动生成的结构"二重性"。另外，得出结构技术与自然之间的同构具有两个层级。如同建筑与自然的相关性，这种同构首先是"本体"与"再现"的关系，对于结构而言，即结构形态对自然形态的模拟；除此之外结构对于自然的模拟还存在科学的层次。因而，结构与自然的模拟中存在技术迁移与情感迁移两个层次。此外，在结构与自然要素及结构与大地的同构中，不仅涉及对自然形态和力学原理的模拟，还体现在更深层次的结构理性与自然存在物之间的基于适度与对话的关系。

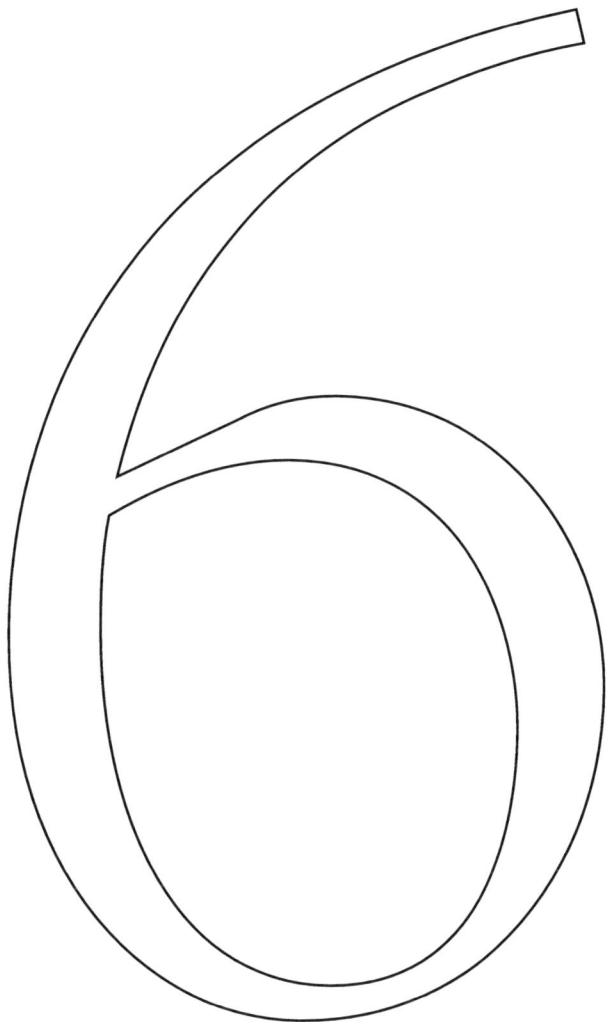

第**6**章

『二元』建筑结构的设计操作
——以深圳国际交流学院为例

本书在绪论部分的研究提出，不同于"一元"建筑结构"演绎"的思考方法，"二元"建筑结构的设计思考方法更倾向于溯因推理的方式。本章讨论以此为基础，将设计操作的过程归纳为"结构假设的提出""结构的逆向作用""结构嵌入语境"三个步骤。进而，以深圳国际交流学院的设计过程为例对这一操作路径进行具体的研究和讨论。

深圳国际交流学院并不是以结构为先导的建筑设计，其对于结构设计的贡献不在于"一元"结构观念下结构技术夸大或结构形态的凸显，而是结构在概念阶段对于整体设计理念的推动。同时，通过对框架结构这种最简单的结构体系所具有的内在空间属性和技术潜力的发挥和表达，以及框架结构的基本范式在尺度、形态、秩序方面的拓展，实现了后合理化的柱网体系难以抵达的丰富性与复杂性。

6.1 | 方法提出："二元"建筑结构的设计路径总结

本书在绪论部分曾提出"一元"建筑结构以因果关系为主，其解释方法背后的深层逻辑是基于一般规律或自然规律的推理和演绎。而"二元"结构同时存在因果性与意向性，其解释方法包含了演绎与归纳两种方法，其过程等同于一种变相的溯因推理。

在"一元"建筑结构的工作方法中，建筑与结构两个相邻学科之间形成一条清晰的边界，建筑师与工程师的工作范畴被尽可能地分开。工程师通常会在概念设计阶段之后，针对具体项目展开结构选型的基础工作，继而在一个已知的结构范式中，通过结构计算的手段进行结构尺寸的调整与结构技术的强化。

相比之下，在"二元"结构的设计过程中，结构工程师对于设计的贡献不仅限于工具化的结构选型与结构计算，还协同建筑师一起从空间观念、材料概念、使用功能等一些来自外部的特定条件中建立可以更好地实现整体设计理念的结构设计构想。这一过程通常需要经历以下几个不同的阶段。首先，工程师需要根据初始设计条件，形成初步的结构设计构想，选择适合的结构原型。其次，初步的结构设计构想进一步影响建筑师的空间设计，导致对初始条件的修改；同时初始条件和空间需求的转变会极大可能的需要结构设计进行进一步的调整。最后，当工程师的结构概念与建筑师的空间概念结合成一个均匀的整体时，也就意味着设计方案可以形成对初始条件的最佳实现（图6-1）。

具体看来，在第二阶段的结构概念设计操作中，需要建筑师与工程师一起，从技术和非技术两个维度获得对基本结构体系的整体把握，在此基础上提出基本的结构系统（结构操作Ⅰ），并通过结构设计概念与初始条件之间的积极互动增强建筑概念（结构操作Ⅱ）——这一阶段的具体工作可以概括为针对初始条件的结构原型匹配（图6-1b）。

进而，在此基础上进行第三阶段的结构原型拓展，将基本的结构原型置入特殊的设计"语境"下，进行结构基本语汇的拓展及其空间的适应性探索（结构操作Ⅲ）。例如，梁可以物化为坚固而沉重的钢筋混凝土构件、钢型材、木桁架、由钢支柱和钢索组成的轻型三维桁架等，这不仅取决于跨度、比例或荷载条件，还取决于建筑意图，如场所、文脉、空间或视觉审美相关的影响因素。这一原型拓展的过程可以概括为结构原型的基本力学形态在建筑设计语境下的异化变形（图6-1c）。

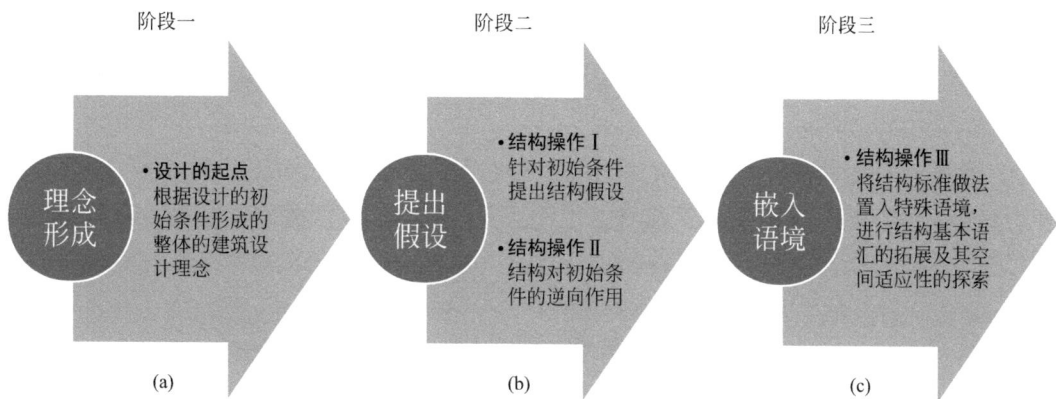

图 6-1 "二元"建筑结构的设计操作流程

值得强调的是，虽然本节将"二元"建筑结构的设计发展过程分为以上三个阶段，但并不是指其发展过程可以简化为层级化的线性过程。不同于"一元"建筑结构"线性的、模式化的工作方法"，"二元"建筑结构的设计过程需要"从一个轨道到另一个轨道，从一个层次到另一个层次"，通过逻辑上的联想与跳跃建立理性与情感直接的链接，这一过程既需要技术的合理性也需要依赖思考者自己的价值体系。具体呈现出结构的技术属性和与建筑的空间属性及其他非理性因素之间不断地调和与相互激发、进而逐渐融合的过程，而其最终的目标是作为整体的结构与空间对设计理念的充分实现（图6-2）。

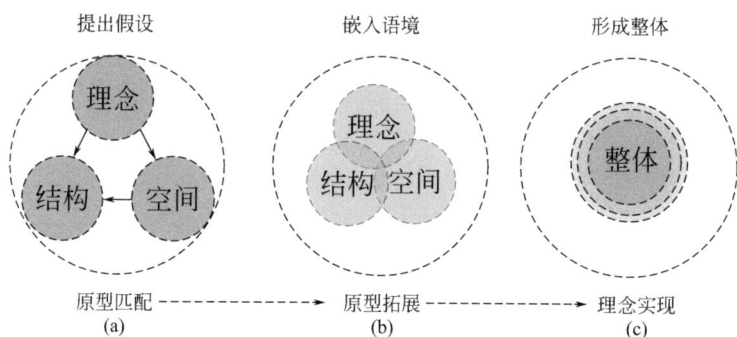

图 6-2 "二元"建筑结构设计理念的实现过程

本章的后续部分，将以深圳国际交流学院为例，对"二元"建筑结构的设计过程展开更为深入和具体的研究，并在这一过程中展示出"二元"建筑结构观念对框架结构这一最简单的结构原型固有的空间和文化特质的充分挖掘，以及技术潜力和空间适应性的提升与拓展。

6.2 | 设计阶段（一）：理念形成——初始条件的提出

深圳是一座由外来移民人口组成的年轻城市，包容、多元、创新的深圳精神与亚热带雨热同期的气候特征构成了这座城市独特的地域文化。深圳国际交流学院的核心设计理念是通过对这一基地现实的回应，为亚热带城市中心区的教育建筑提供一种清晰的身份认同。

深圳国际交流学院位于深圳密集的城市中心区，用地面积2.18万平方米，建筑面积约10万平方米，可同时满足两千名学生和两百多名教师的使用需要。该项目最大的挑战是，如何在紧张的用地条件下，解决教学设施、学生宿舍、教师公寓等空间的功能需求并协调三者之间的关系，以及如何在高密度的城市空间内尽量多地创造室外活动场地和相关的体育活动设施，并通过建筑孔隙度的提升，创造更多的自然通风条件，营造环境友好的空间氛围等问题[182]。

具体包括以下三点。

① 垂直绿化。通过垂直绿化系统的引入，为校园的教学和生活空间提供竖向的遮阳系统，形成更为自然的校园环境。

② 核心庭院与空中花园。在生活区和教学区之间设置核心庭院，并在教学楼、学生宿舍与外教宿舍的塔楼区域穿插布置空中庭院，结合景观设计为校园提供丰富的公共交流和休闲平台。

③ 立体活动空间。为了应对基地紧张的用地条件，将室外运动区域划分为16个独立的活动单元，进而将其与多维的立体空间系统、核心庭院、公共活动场地有机地整合在一起，在提升建筑使用效率的同时，增加校园整体的灵活性、趣味性和交互性。

根据以上设计要求，在设计的初始阶段，通过核心院落的引入将教学区与生活区划分为两个区域，并结合基地东西方向的高差在地面区域形成局部架空，生成基本的空间布局，作为本案对用地条件和当地的气候等相关问题的初步回应（图6-3）。

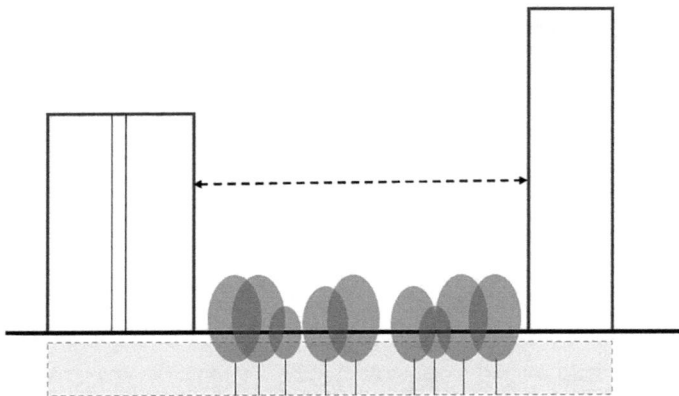

图6-3 设计的初始条件

6.3 | 设计阶段（二）: 提出假设——结构原型的匹配

6.3.1 步骤 I: 概念阶段的结构意向选择

本节对应于设计阶段（二）中，结构操作的第一步（图6-1）。具体内容是在设计初始条件的基础上，提出与之相匹配的结构假设。具体来说，是指建筑的设计理念及具体的空间需求对结构构想的作用（图6-4）。值得强调的是，虽然作为以单元式空间为主的校园建筑，选择框架结构为其主要的支撑系统，似乎是顺理成章的结果；但这仍然需要在对此类建筑基本设计条件的把握和理解的基础上，进行有意识的选择。因而，不能等同于"一元"建筑结构观念下结构后合理化的做法。

依据设计的初始条件可以发现，高密度的校园建筑既不同于对结构技术性要求较高的大跨度结构，需要在结构技术层面探讨结构类型的可能性；也不同于某些功能类型较为单一的中小型建筑，对不同结构类型都有较高适应性，可以在概念初始阶段将结构类型的选择作为结构设计的创造性工作的重要着眼点。对于以多层教学空间和高层居住空间为主的校园建筑而言，选择框架结构作为与初始条件相匹配的最优选择，似乎是不假思索的默认选项。然而，即便是在结构类型毫无争议的前提下，对于最为简单的结构类型框架结构的具体设计仍然存在不同可能性的探索，而不同的可能性又进一步对空间的状态及初始条件的契合度产生反向的作用。此外，不同于结构后合理化的做法，这种看似顺理成章的选项背后仍然是依据设计初始条件进行有意选择的结果。

首先，框架结构系统的承载机制是由梁截面内的压应力与拉应力的联合作用并协同剪应力所组成，其通过抗弯强度与外部的旋转力矩相平衡。这些刚性、坚硬的线性构件组成的单元结构体，通过单元重复实现整体结构的搭建，属于典型的运用几何方法得到的结构。框架结构在结构效率方面并不具有优势，但这种结构类型易于建造，对空间干扰小，在平面与立面上能较好地与最常见的直线型的建筑外观与单元式的空间功能相适应。对于以标准化的教室和居住空间为主体的校园建筑，框架结构更能与之所包含的空间类型相适应。除此之外，与面作用和形态作用的结构体系相比较，截面作用下的框架结构具有轻盈的结构形态，更能满足深圳地区亚热带气候对于通风、散热的要求。

综上所述，结构设计在概念设计阶段的介入，是建立在建筑初始条件深入解读的基础上，其所关注的重点是结构与建筑之间相互推动的过程，而不是结构自身的复杂性。可以看出，虽然作为以单元式空间为主的校园作品，选择框架结构为其主要的支撑系统，似乎

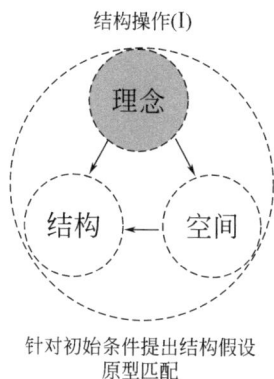

结构操作(I)

理念

结构 ← → 空间

针对初始条件提出结构假设
原型匹配

图6-4 "二元"结构操作步骤(I)

是顺理成章的结果；但这仍然是建立在对此类建筑基本设计条件的把握和理解的基础上，对其结构设计方案进行有意识的选择。因而，不能等同于"一元"建筑结构观念下结构后合理化的做法。

6.3.2 步骤Ⅱ：结构假设对初始条件的逆向作用

本节对应于设计阶段（二）中，结构操作的第二步。具体内容是，最初的结构假设反向作用于空间设计，或对设计的初始条件产生影响，进一步触发结构设想的调整或转变的过程（图6-5）。也就是说，一方面初始条件通过空间的构想对结构产生影响；另一方面结构的选择也会反作用于空间，从而影响初始条件的内容。

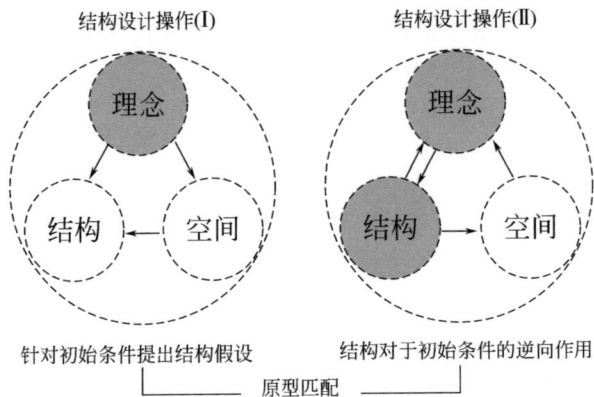

图 6-5　结构对空间的逆向作用

在结构操作的第一阶段，建筑的空间类型与亚热带气候作为设计的初始条件，共同决定了框架结构这一假设。根据初始条件中的设计要求，为了保持校园内部自然生态系统的完整性，需要在教学区和生活区之间保留相对完整的自然地被，以满足校园核心庭院绿化植被的生长条件。由于用地条件的限制，核心庭院的存在意味着体育馆或剧院的大跨度空间需要与原教学楼用地组织到一起。从功能分区的角度，考虑到剧院与教学楼之间的关系更加紧密，将剧院与教学楼置于同一功能区域，将大跨度结构置于底层空间。显然，教学楼与剧院这两种空间类型在结构跨度层面难以匹配，而不得不考虑将教学楼发展为南、北两栋，大跨度结构穿插布置于两楼之间（图6-6）。从总平面图当中可以看出，这一操作使得在设计初始状态中提出的校园空间在整体平面布局上发生了改变。

除此之外，这一操作进一步影响了校园空间在垂直维度的空间形态。置于底层的大跨度空间结合地形的变化，自然形成了一层新的地表（图6-7）。新生的地表有效地缓解了校园公共空间不足的问题，自然地将校园分为上层的教学区和下层的公共区两个部分，在原本水平方向的空间功能划分，增加了垂直维度的空间变化（图6-8、图6-10）。因而，结构概念的置入成为触发这一空间布局结果的原始动因，更好地实现了初始条件中对于立体活动空间和弱化校园围墙的设想。

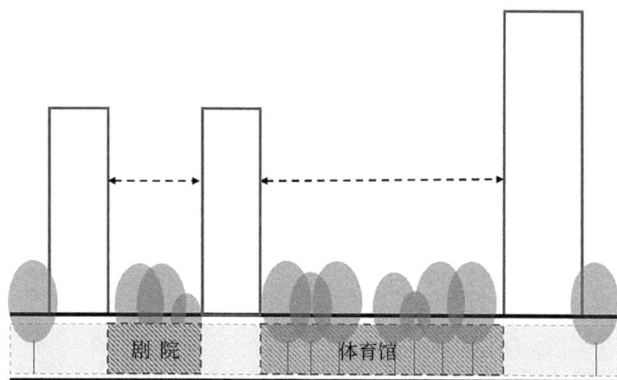

图 6-6　设计的初始条件

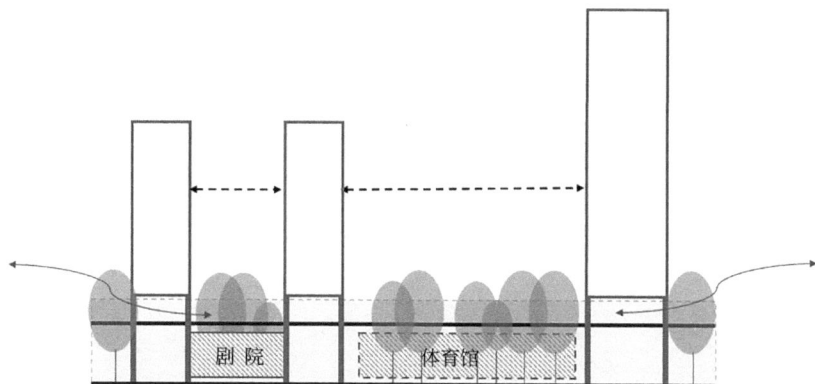

图 6-7　大跨度结构屋顶转换为平台层

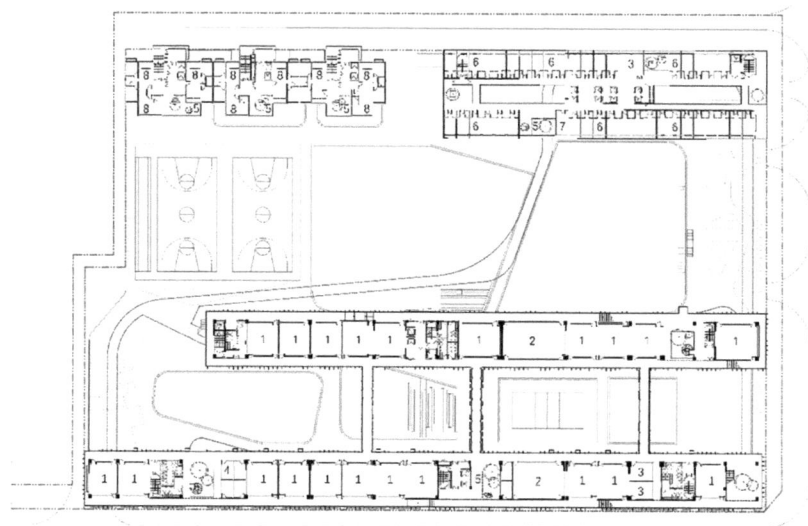

图 6-8　项目标准层平面

6.4 | 设计阶段（三）：嵌入建筑语境——结构原型的拓展

第二阶段依据设计初始条件提出的结构假设体现了基本结构原型与建筑语境之间的相互作用。第三阶段的结构设计则体现了结构在深层次嵌入建筑语境的过程（图6-1）。通过对结构假设中基本的结构原型，在秩序、单元、构件三个层级的异化和拓展，将结构与空间的需求凝结为一个整体，实现对设计理念的完整回应（图6-9）。

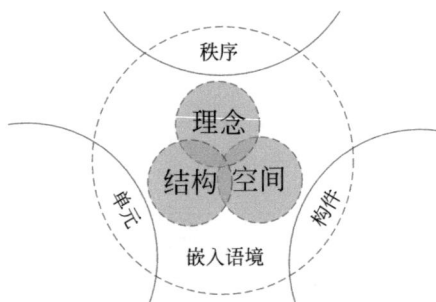

图 6-9　结构原型的拓展方向

6.4.1　结构秩序与空间秩序的整合

如前所述，在设计初始条件中，希望结合核心庭院在校园底层区域形成开放的公共活动区，将私密性较强的教学和居住功能置于顶层，形成竖向的功能分区。之后，建筑与结构概念相互作用使得借助"平台层"形成双层地面的设计构想得以成形，增加了底层空间对于开放性的需求。这意味着建筑的布局将呈现出一种下部开敞、上部密集的反重力方式（图6-10）。对于结构秩序与空间秩序的矛盾化解，需要通过有效的方式对校园建筑所包含多种类型的单元式空间所对应的不同结构模数进行划分。

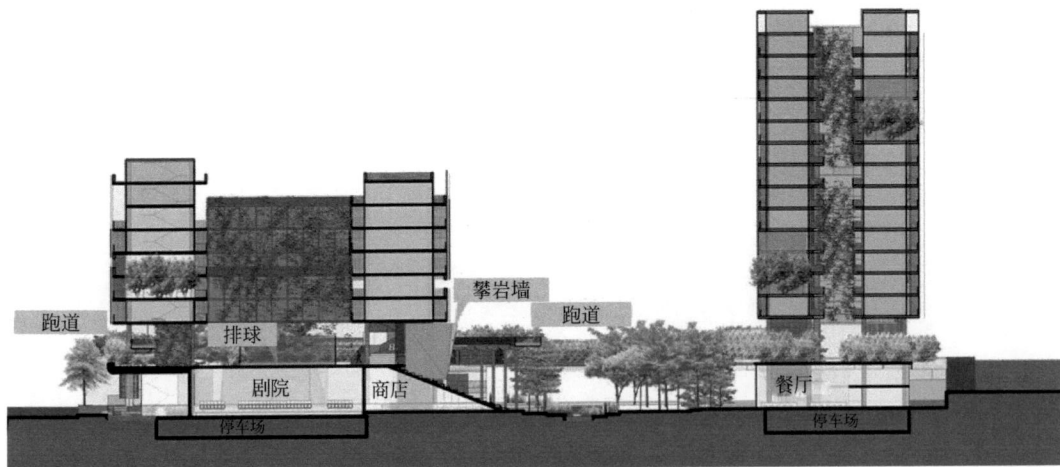

图 6-10　大跨度结构屋顶转换为平台层

1. 框架结构模数的选择

框架结构是由单元拓展形成的模数化建造系统，模数问题是其重要的影响因素。为了更好地发挥框架结构的模数化系统，20世纪60年代，瑞士建筑师弗里茨·哈勒（Fritz Haller）针对钢框架结构创建的USM系统。其将建筑尺度分为最小（MINI）、中间

（MIDI）和最大（MAXI）三种建造体系，分别适用于住宅、高层建筑和大型工业建筑，其中每一种结构单元都对应不同的结构做法，并于1957年索洛图恩的西城校舍及1960年巴登市的州校中应用了这种结构设计方法。

对于深圳国际交流学院的结构模数设定，最初参考USM的方法，按照不同的功能单位划分为教室、居住（MINI），商业、餐饮、办公（MID），剧院、体育馆（MAXI）三种模数。然而，这种划分方式在本案的应用中存在两点问题。首先，为了在紧张的用地条件下生成更多的公共活动空间，需要尽可能地将教室与其他不同尺度的空间进行叠加；其次，平台层概念的引入，更进一步地增加了空间对结构开放性的要求。因此，在第一阶段提出的结构假设，依据教室单元和框架结构适宜跨度提出的8米柱网已经不能满足校园底层开发性与灵活性的需要。

这就意味着这一阶段依据空间功能产生的模数划分已经无法适应该项目的特殊性，对于结构尺度的选择，需要权衡竖向区域不同的空间类型。同时考虑到校园中属于剧院、体育馆的部分（MAXI），无法和其他结构尺度进行统合。在本章上一小节的内容中，已提出通过校园总平面布局化解这一个问题。因而，下一步对于该问题的解决主要集中于对教室、居住（MINI），商业、餐饮、办公（MID）及平台层，以上三种空间相对应的结构尺度进行调和。

2. 结构方案的提出

在前文的讨论中可以得出，结构与空间之间的矛盾在于框架结构的模数选择。当空间功能分层增加了垂直的划分之后，不同尺度的功能空间之间竖向叠加，导致了结构秩序与空间秩序之间的矛盾。最初设定的8米柱网既不能完全适应底层较为开放的商业和展览空间，也难以实现平台层作为公共活动空间的开放性需求。在设计的深化过程中，针对这一问题提出两种不同的解决方案：结构形态的异化（结构秩序的反转）、结构尺度的异化。

1）方案一：结构形态的异化

通过结构形态异化的方式，对下部密集、上部松散的框架结构形态进行反转，使其与空间的秩序相适应。对于框架结构而言，纵向结构秩序反转，意味着竖向单元组织系统的异化，需要通过特殊的技术手段对力流进行有效的组织和引导。例如，工程师康策特与建筑师托马斯·哈斯勒（Thomas Hasler）合作设计的瑞士库尔城市媒体大楼（Stadthaus und Medienzentrum）项目中，为了实现上部密集、下部开放的空间形态，结构师利用大量隐藏在上下窗间墙里的预应力钢索，构成高达五层的空腹桁架结构，并将建筑形体的转折点设置在弯矩为零的位置，形成底层大跨度的开放空间[137]（图6-11）。甚至，在一些情况下，这种对于结构秩序的反转成为激发设计概念的核心。例如，常规支撑荷载的方式是通过结构柱将荷载从顶部传递到地面，这种方式符合结构的静力学需求。但库哈斯设计的波尔多住宅（Maison Bordeaux），通过力流的重组和结构的重构彻底打破多米诺体系稳定的结构秩序，实现更为彻底的漂浮感（图6-12）。

2）方案二：结构尺度的异化

对于本案来说，方案一的结构模数和空间的匹配度较好，但结构的技术和施工难度较

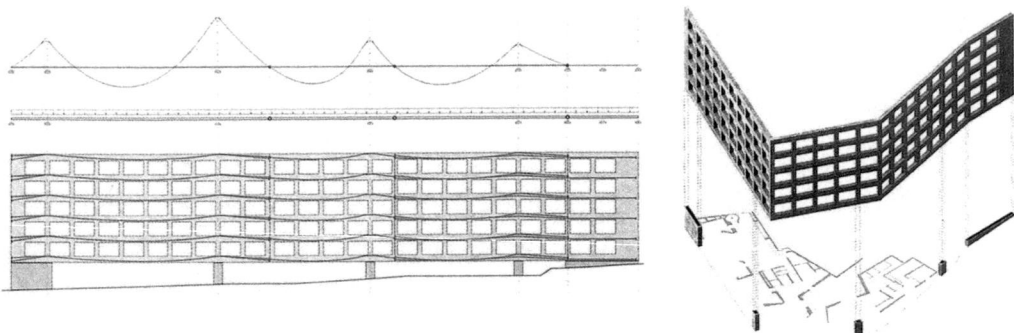

图 6-11　城市媒体大楼

（来源：《Jürg Conzett，Gianfranco Bronzini，Patrick Gartmann：forme di strutture》）

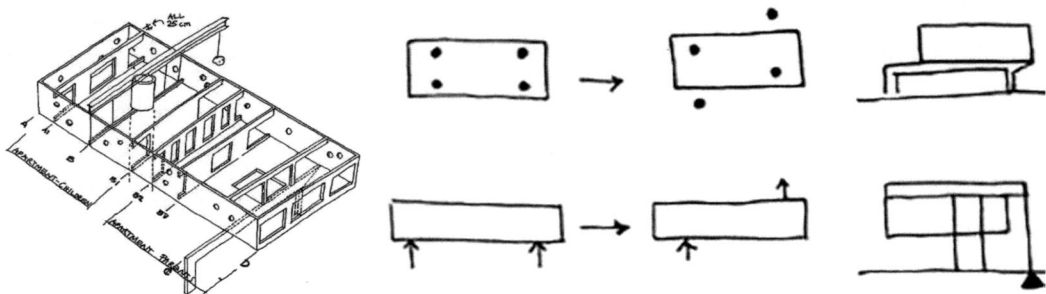

图 6-12　波尔多住宅

（来源：巴尔蒙德，《异规》）

大，同时考虑到需要增设斜向预应力的可能性，会极大影响到房间的使用（图6-13）。另外一种解决方案是，结构尺度异化，通过增大结构受力面积的方式，形成超常规的结构跨度，使其能够适应不同尺度的空间功能。通过对结构整体的框架尺度进行调整，将上部的结构跨度增大到与下部一致。在一定程度上，这种做法会使得结构整体的跨度超出合理范围，需要通过增加结构尺度的方式来实现结构的强度和刚度。具体来说，通过面系拓展的方式将梁、柱等线性构件转化为墙、板等空间分隔要素，或通过结构巨构和空间化的方式转化为空间的实体。

相比之下，方案二的做法需要同时综合上下两种空间尺度的模数要求，使得底层结构的结构跨度比方案一更大。具体来说，尽管建筑师提出底层框架增加至12米结构跨度，但考虑到上层教室单元尺寸的影响（教室尺寸为8米×8米），结构单元需调整至16米×8米的超大尺度。从单一的技术理性角度，这一结构跨度已经超出常规钢筋混凝土框架结构的合理范围，但是从建筑整体出发这一结构方案有效地化解了结构秩序与空间秩序之间的矛盾，使得高密度的校园布局得以实现。经过建筑师与结构工程师的反复沟通，最终选择方案二作为最终实施方案，并通过对加大构件截面尺寸，以及增设剪力墙的方式来化解超常规结构跨度的问题（图6-14）。因而，与哈勒提出的基于不同尺寸空间的最小结构单元做法不同，在纵向叠加的结构布局之下，更为适合的方式是MINI（教室、居住）、

MIDI（商业、餐饮、办公）两种空间形态下的"最小支撑体系"。

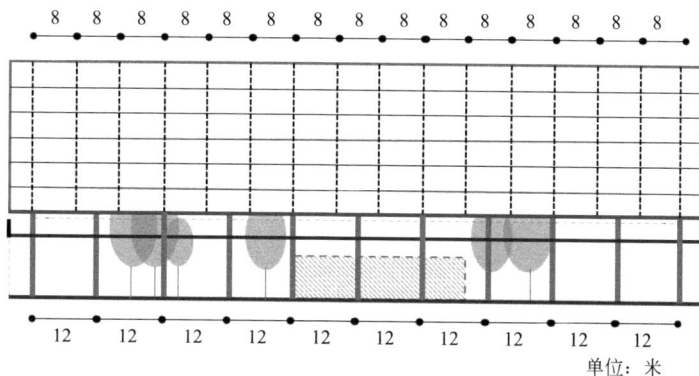

图 6-13　方案一

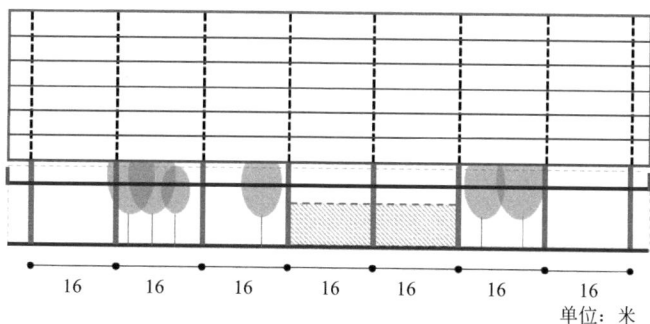

图 6-14　方案二

　　如前文所述，方案二的选择意味着模数划分不再依据单一的空间类型，而需要根据不同的竖向功能组团的综合模数对框架结构跨度进行重新规划。除教学楼之外，学生宿舍与教师公寓也存在同样的问题。具体来说，教学区将两个教室单元拼合为一个8米×16米的基本结构单元，形成16米大跨度结构；学生宿舍区最小居住单元为3米×6米，每三个居住体形成一个9米×6米的结构单元；外教公寓区的纵向剪力墙间距为3.1米和3.6米、纵向进深为10米，两个单元组合形成6.7米×10米的结构单元（表6-1）。此外，为保障结构整体的承载能力，需要额外在塔楼区域增设部分不落地的T形或L形剪力墙或增大原有剪力墙的结构尺度，以抵消底层超常规结构跨度带来的技术层面的损失。

教学楼、宿舍楼、外教楼与底层公共空间的结构尺度调和　　　　　　表 6-1

功能类型	塔楼部分的最小结构单元	底层公共区域	综合结构尺寸
教学楼/商业/平台层	8米×8米	12米×6米	16米×9米
宿舍楼/食堂/平台层	3米×6米	9米×6米	9.4米×6米
外教公寓/平台层	3.1米（3.6米）×10米	9米×6米	6.7米×10米

3. 结构方案的细化调整

由于非常规的结构跨度，以及大跨度剧院的置入，使得教学楼由一栋走廊居中的双跨建筑转变为两栋双侧外廊的单跨建筑，这一变化导致教学楼结构抗侧向力的能力减弱。结构工程师要求在原有核心筒结构之外增设额外的剪力墙，以弥补这一部分修改造成的结构损伤。由于剪力墙的存在势必会对空间产生较大影响，需要建筑师和结构师在密集的合作与沟通中完成这一阶段的结构设计工作。

第一版方案是工程师按照结构计算结果提供的"最优方案"。但由于剪力墙的位置仅考虑了结构理性的要求，未叠加空间需求的考虑，这使得结构的布局既打破了平台层空间的流动性，也无法满足地面层大尺度空间的功能需求。同时，虽然对于剪力墙的形态，结构师提出的T型结构在抗侧向力方面更具有优势，但这一决定同样会对现有的建筑形态和空间布局产生影响。

可以看出，从结构和空间两个维度思考剪力墙的位置与形态问题，需要综合考虑上部单元空间的影响、下部公共空间的影响，以及结构技术的合理性问题等多方面要求。具体来说，从空间的角度，剪力墙会影响平台层空间的连通性与教室空间的完整性，而技术理性要求剪力墙的布置尽量均匀。为了在多个矛盾之间寻找平衡点，结构师和建筑师经过几轮沟通，共同对剪力墙的位置进行优化。由结构工程师提出必要的增设剪力墙的位置，以及必须设置为T型的几个位置待选；建筑师在此基础上，指出理性状态下剪力墙的位置和形态，交由工程师进行进一步的调整；进而由建筑师对不可避免的矛盾点通过形态处理和功能复合的方式进行优化，最终通过对两者需求的叠加，形成能够满足两者需求的设计方案。

总体看来，虽然从结构单一层面，由于剪力墙位置偏离最优点，不得不增加剪力墙的尺寸，使得结构并不是最理想状态的呈现；但却在另一个层面很好地契合了建筑整体的需求——大尺度的剪力墙成为平台层这一空间的重要组织要素，其提供了植物攀爬与艺术创作的界面，成为丰富校园内部的活力界面。

6.4.2 结构单元与空间单元的整合

1. 教室空间与结构的整合——大尺度结构构件的优化设计

如前所述，为了同时满足平台层与教学楼的空间使用要求，将教学楼区域的结构尺寸调整为16米×8米。然而，梁、柱尺度的增加影响到建筑立面的比例，以及建筑内部的使用功能和空间感受。教学楼16米跨度的结构会产生梁截面尺寸过大的问题，从而导致建筑层高增加，无法满足限高要求。在建筑设计层面，会产生外立面比例失调和内部空间压迫感等问题。

为了弱化超常规尺度结构构件对空间的影响，通过技术或设计的手段对结构的尺寸和形态进行调整，或将结构构件转化为空间围合要素，使其能对空间产生积极作用。一方面，通过结构模数的选择，将结构柱、剪力墙与教室间的内隔墙整合在一起，同时采取双向板或井格梁的结构做法降低次梁的尺寸，结合穿梁的做法将楼板设置在梁底上部区域；另一方面，将1.2米高的主梁与教室外墙、落地窗组织在一起，削弱大尺度结构构件对空间功能和舒适性的影响（图6-15）。除此之外，在结构框架之间布置落地窗与座椅创造出附加空间，形成空间、结构、家具之间相互契合的关系（图6-16、图6-17）。

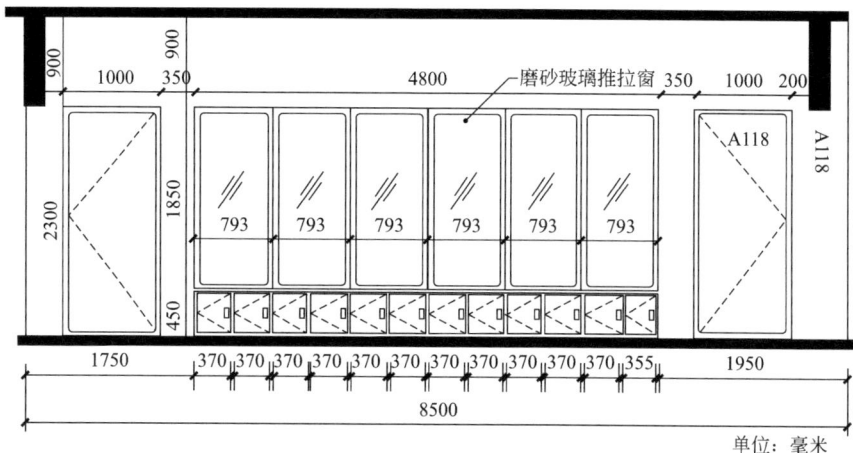

单位：毫米

图 6-15 教学楼结构梁与立面的组合关系

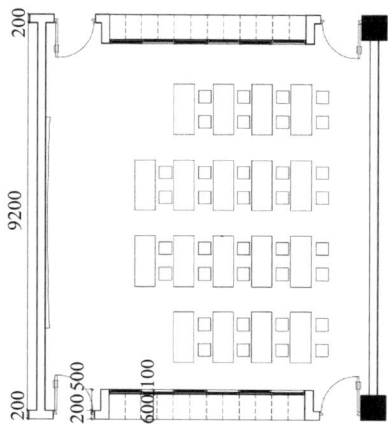

图 6-16 教室单元平面

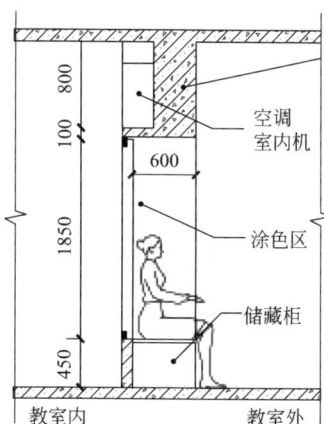

图 6-17 教室单元局部剖面

2. 图书馆

悬于教学楼之间的图书馆采用框架式空腹梁结构，内部空间由8个框架单元组成。图书馆内部利用结构模数将空间划分成不同的区域。通过取消弯矩较小区域的横梁，在核心区域形成两个通高空间（图6-18），作为两层图书馆的交通联络区域；同时将主体钢框架结构向两侧悬挑，形成相对独立的阅读区域，增加了图书馆内部的空间层次。

书架的布置与结构框架高度整合，使得钢结构本身成为书架的一部分。同时框架结构均匀的空间秩序与书架的开合布局，自然形成规则与自由两种不同空间秩序的结合

（图6-19）。一方面，均匀分布的钢结构框架既延续了教学楼主体混凝土框架结构的秩序，与南、北楼形成统一的形式语言，为自由多变的内部空间确立了一种隐含的秩序；另一方面，交错布置的通高空间与书架的不同组织方式，又打破了这种由结构模数生成的静态网格，通过内向与外向两种空间氛围的交替，形成开合有序、虚实相生的空间形态（图6-20）。

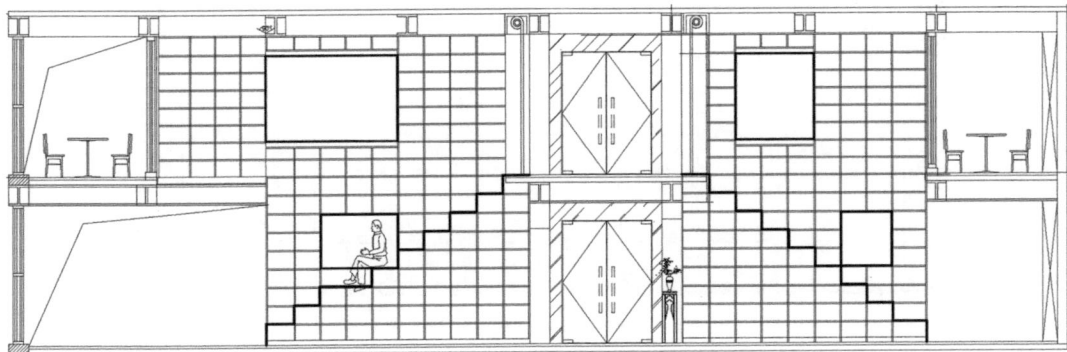

图6-18　深圳国际交流学院图书馆剖面

图 6-19　深圳国际交流学院图书馆通高空间

图 6-20　深圳国际交流学院图书馆书架与结构的整合
（来源：UK Studio 拍摄）

6.4.3　结构构件的细部设计与绿化系统的整合

如前文所述，路易斯·康利用空心结构形成管道层，化解了现代建筑中屋顶与管道的矛盾关系，使屋顶的结构获得视觉呈现。深圳国际交流学院将这种结构的空转换为自然通风"管道"以及植被生长的容器，即利用空心结构创造可以容纳土壤、阳光，允许植物和风自由攀爬与穿行的孔隙。通过结构构件和节点的设计与垂直绿化系统的结合，形成对亚热带气候的回应。

1. 平台层梁构件的细部设计：结构尺寸与覆土高度

由于平台层区域的结构负载较大，梁高最大处达到1.2米。在平台层以下无使用功能的部分，采取反梁的做法，利用梁板之间的空隙形成植物种植区；有使用功能的区域，取消反梁的做法，利用结构高度结合穿梁的做法形成设备层。同时将平台外缘边梁做成U型空心梁，通过增加构件的截面尺寸内置可供植物生长的土壤，使其成为可以容纳植物生长的容器（图6-21）。由此，平台层的种植区及整个地面区域的外廊挑檐形成一道被植物环绕的绿色界面，增加了校园公共空间的舒适度与亲和力。除此之外，这种利用结构的空设置覆土空间的做法还应用于教学楼的屋顶、宿舍楼、外教公寓空中花园等上层区域。

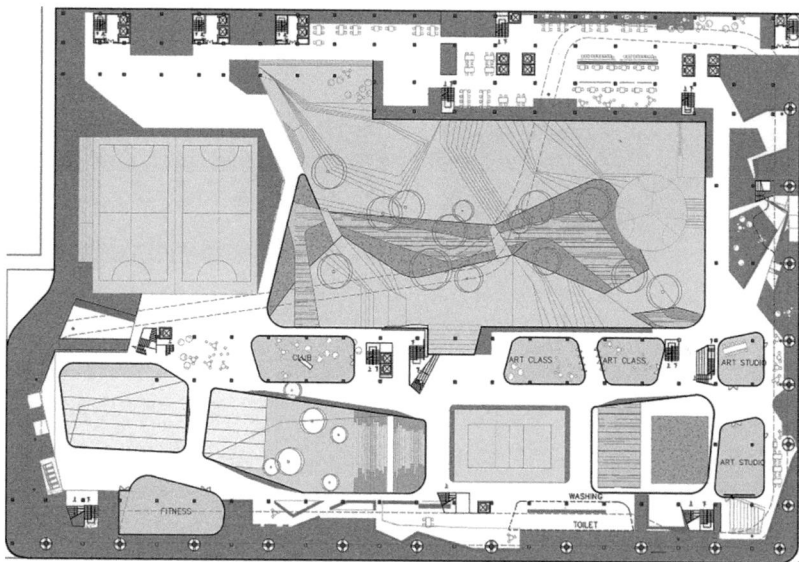

图 6-21 平台层绿化范围

2. 塔楼剪力墙的细部设计：结构孔隙与垂直绿化系统

在确保结构安全性与稳定性的前提下，去除梁柱交接区域的部分材料，以形成可以容纳植物生长、引导自然通风的结构缝隙。例如，平台层外围的结构柱底部设置植物池，柱子本身成为植物攀爬的界面；并在柱顶部设置十字梁，形成环形孔洞（图6-22）。从空间的角度，空心十字梁的做法将平台层上方的植物与校园地面层的绿化区域连接成完整的景观系统。同时这些结构的孔洞可以有效地引导自然通风，加快校园内侧的空气流通。除此之外，教学楼、学生宿舍和教师公寓也存在类似做法。将建筑端部和内部可采光区域的剪力墙转化为可供植物攀爬生长的垂直界面。结合6米至9米的植物攀爬高度，每2~3层设置一个生长单元，并于单元内部楼板与墙面结交位置设置可以供植物穿越的结构缝隙（图6-23）。虽然，从结构技术的角度，由于构件交界处材料的削减所造成的应力集中问题，不得不相应增加洞口区域的植筋密度；但从空间的角度，这一处理方法提供连续的植物生长界面，增强了上下层的空间交互性。

图 6-22　平台层结构柱细部构造示意图

图 6-23　教学楼山墙细部构造示意图

3. 教学楼主梁与次梁的细部设计：教学楼垂直绿化与结构系统

教学楼包括三层立面（图6-24）。第一层，由主体框架结构和色彩渐变的门窗系统构成。通过将次梁的悬臂端优化为变截面形态的做法，为内侧走廊的顶部区域预留出可以供管道穿行的设备空间。同时这部分结构尺度的弱化，使得主体框架构成的形式语言被强化，立面整体的透明性获得提升（图6-25）。第二层，是通过预制钢构件固定在边梁外侧的垂直绿化系统，以及部分悬挂于庭院内侧走廊的空调室外机。这部分由钢丝网植物板和

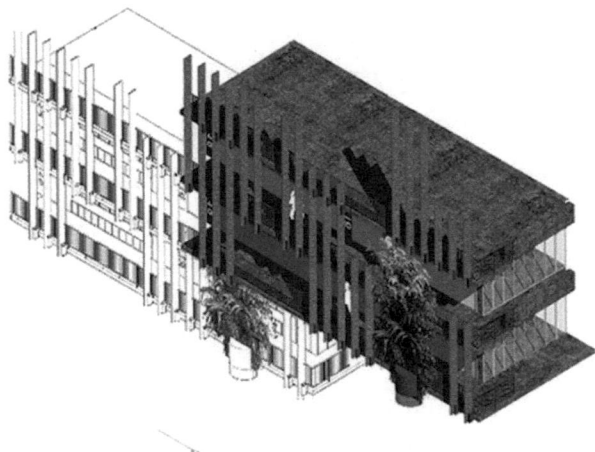

图 6-24　教学楼墙身与景观系统

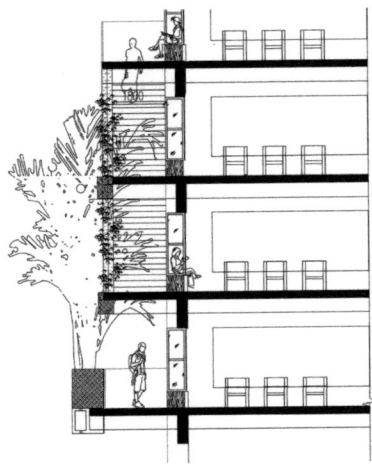

图 6-25　教学楼植物生长系统

攀爬植物构成的离散、随机的布局方式打破了由结构主体构成的均质化的网格系统。第三层，悬挂在最外层呈点状分布的景观植物盆。考虑到力学的合理性，在外廊边缘增设边梁提升结构强度，并形成局部挑板安置植物盆，将计划种植大型灌木的植物盆设置于教学楼的次梁端部。其位置暗示了内部结构的规则和秩序，与平台层以下的大尺度结构柱形成对位关系。从视觉上第二层次的攀爬植物模糊了结构秩序的清晰性，而立面的灌木则通过自身的存在重新将这种被消隐的秩序部分揭示出来（图6-26）。三层立面的叠加，形成了若隐若现的结构主体与景观系统之间的对话，结合渐变的色彩呈现出动静交织的空间画卷。

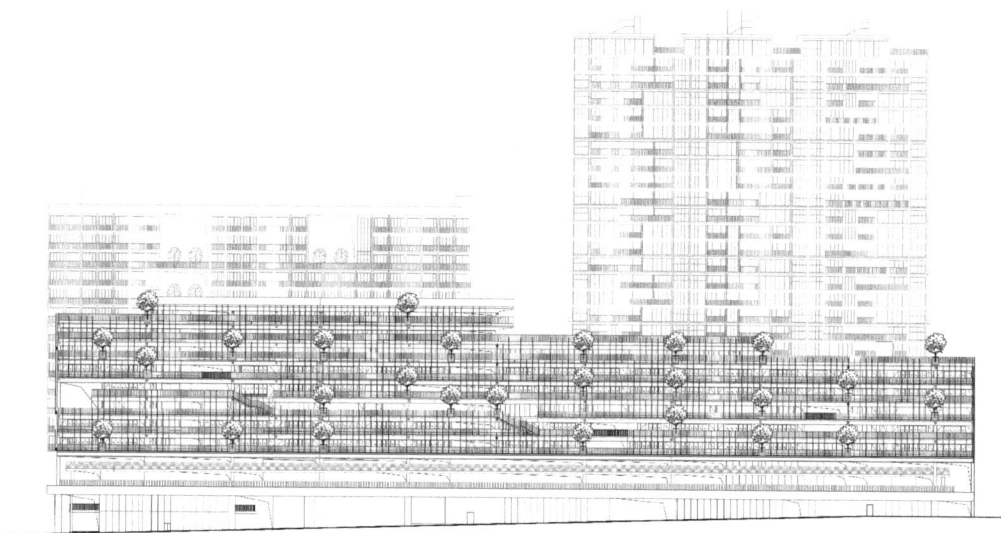

图 6-26　教学楼南立面

6.5 ｜ 本章小结

6.5.1 "二元"建筑结构设计过程分析与总结

在本书绪论部分提出的"一元"和"二元"两种建筑结构定义的基础上，对具体的"二元"建筑结构设计路径进行总结。将其归纳为：理念形成、提出假设、嵌入语境三个步骤（表 6-2）。进而强调本章内容虽然将"二元"建筑结构的设计过程描述为上三个阶段，但其并不同于"一元"建筑结构线性、模式化的工作方法。"二元"建筑结构的设计过程呈现出"从一个轨道到另一个轨道，从一个层次到另一个层次"的循环过程，设计者需要通过逻辑上的联想与跳跃建立理性与情感直接的链接。其通过结构技术属性和与非技术属性不断地调和、相互地激发，继而逐渐融合，最终呈现出作为整体的结构与空间对设计理念的充分实现。

"二元"建筑结构设计操作

表 6-2

理念形成	设计初始条件的提出
提出假设	a 依据初始条件提出结构假设：需要建筑师与工程师一起，从技术和非技术两个维度对初始条件进行分析和解读，在此基础上选择与之相匹配结构体系，使其能够最大限度地满足初始条件
	b 结构对初始条件的逆向作用：初步的结构设计构想进一步影响建筑师的空间设计，甚至导致初始条件的修改；初始条件和空间需求的转变又会进一步地推动结构设计的深化与调整
嵌入语境	将基本的结构原型置入特殊的设计"语境"下，进行结构基本语汇的拓展及其空间的适应性探索，最终使工程师的结构概念与建筑师的空间概念结合成一个均匀的整体

6.5.2 实例论证——框架结构体系在"二元"建筑结构模型下的拓展

以深圳国际交流学院的设计过程为例对这一操作路径进行具体的研究和讨论。不同于大跨度或从形态上可以直接识别出的以结构为先导的建筑设计，深圳国际交流学院的结构类型为常见的钢筋混凝土框架剪力墙结构。结构在设计的结果及建筑的形态构成方面并不凸显，但可以看出结构构思在概念生成阶段及之后的设计过程中对建筑整体的推动。通过本章的讨论再一次表明，"二元"建筑结构观念下的结构创新性并不在于结构的复杂性，而是以整体设计理念的实现为目标，结构技术属性与空间属性相互成就，形成对特定结构体系恰如其分的诠释和表达。

与此同时，本章内容对于框架结构的拓展性研究，再一次回应了本书在绪论部分指出的，"'二元'建筑结构所批判的是工具化的'后合理化'做法，并非对于框架结构这一特定结构类型的否定"，反对将网格化的植入作为一种不假思索的结构处理方法，忽视结构与特殊空间环境之间的关联性。深圳国际交流学院将框架结构这一基本原型嵌入设计语境的过程，一方面是对框架结构固有空间和文化特质的充分挖掘，另一方面通过结构尺度与形态异化的方式对其基本原型结构的秩序、单元、构件进行拓展，使框架结构在"二元"结构观念下的设计潜力获得提升。

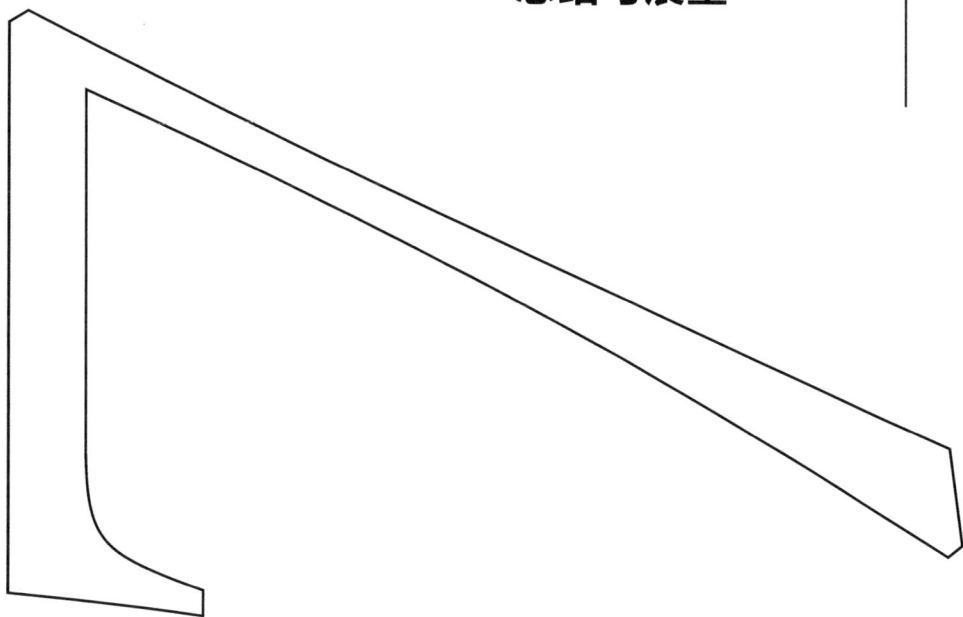

第 **7** 章

总结与展望

极端的技术决定论者和技术形式主义者用封闭的态度对待结构学科系统，虽然这一观念有利于单一维度下的结构技术发展，但不可避免地导致了建筑结构设计相关问题的畸形和僵化。本书的研究无意为建筑结构设计问题制定某种规则，而尝试在规则与打破规则之间，在结构技术属性与非技术属性之间建立一种适度的平衡，以一种开放的态度去解释和评价建筑的结构问题。进而，在建筑学科内，通过结构技术与其外部的自然、人文环境等非技术内容的整一性重建，在一定程度上弱化技术理性与人文情感之间的矛盾与对立关系。

7.1 | 总结

7.1.1 问题提出

工具化的结构通常以建筑师为主导，工程师仅通过结构计算的方式对固定的结构范式进行优化。而结构机械化的现象大多存在于以工程师为主导的大型公共项目中，通过夸大结构的力学作用形成一种视觉化的技术奇观。这两种状态，构成了当下建筑结构观念当中的两种极端现象。而导致这两种极端现象的根本原因在于技术"一元"的建筑结构观念的泛化。

文章从历史、现实、时代需求三个层面，讨论了"一元"建筑结构范型拓展与重建的必要性。从历史的角度，总结出技术化的"一元"结构观念并不是结构的固有观念，而是现代世界技术发展与专业分化的产物。从现实的角度出发，在现代社会中无论是工程项目中的结构，还是建筑中的结构，都不可否认具有视觉性，并在一定程度上影响人们对城市空间和建筑内部空间的感受，因而从何种角度都无法完全否认结构的非技术性。从时代的需求角度，当下社会的矛盾和问题更加复杂，技术元素无处不在地渗透入我们生活当中，需要我们更加多元地理解技术问题。

论证表明，造成现代社会技术化"一元"结构的根本原因不在于方法层面，而在于认识论层面的观念性错误。建筑师与结构工程师分别从"知性"和"智性"两个不同的层面理解结构，导致两者对于"结构"的认识存在目标、功能、角色方面的差异。因而，需要在整一性的背景下将建筑师和结构师所关心的结构问题容纳在一个结构观念下。这就需要一种可以在建筑与结构的整体语境中，引导双方协同合作的"共同语言"——一种可以强调技术与非技术双重属性的结构观念（图7-1）。

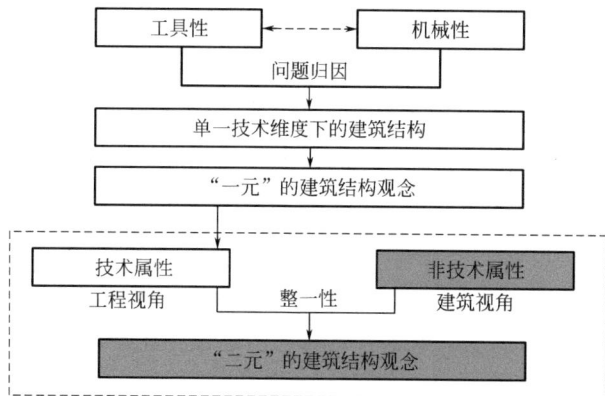

图 7-1　论证逻辑图

7.1.2　论证过程

本书首先在绪论部分归纳出工程领域中的"工具性"与"机械性"两种极端现象的根源为"一元"的结构观念。进而对建筑结构从整体到分离的过程进行了系统的梳理，对"一元"建筑结构观念的形成及其设计方法进行了深度剖析，在此基础上建立了"二元"建筑结构的理论模型，并通过两者的对比研究，逐步理清了"二元"建筑结构的要素和内容。

进而，以柯布西耶、赖特两位在现代主义时期颇具影响力的建筑师为线索，探寻了在现代主义之后，以机械主义和框架结构主导的"一元"结构技术主流观念下，存在的"一元"结构到"二元"结构的逆流现象。通过两位建筑师的这一转向，印证了即便在"一元"建筑结构观念广泛形成的时期，仍然存在着对结构"二元性"相关的结构和空间、技术和文化整合等问题的探索。

然后，分别对建筑结构的两个评价标准——结构的合理性与真实性问题展开讨论。在阐明"一元"建筑结构合理性与真实性来源及其具体内容的基础上，对两者进行批判和拓展，形成"二元"建筑结构体系下，建筑整体为目标的、更具包容性、更加多元的结构合理性与真实性观念，以此作为"二元"建筑结构的研究基础。

最后，分别从建筑的内部和外部讨论了结构技术与非技术属性的整合问题。呈现出"一元"与"二元"建筑结构在技术需求与空间需求、清晰与模糊、表现与隐匿等对立关系之间的矛盾与平衡，以及由此产生的丰富性与创造力。在此之后，综合技术哲学的相关理论，讨论了结构技术与文化的关联性。分别从技术的自主性与人的自主性、结构技术与文化的转换过程与整合方法、结构技术与自然的同构这三个方面，展现出"二元"建筑结构与外部世界的人文和自然环境之间的整一性。

7.1.3 研究发现

1. "适度的中道"——"二元"的平衡与互补

本书绪论部分的研究显示，不同于建筑师与工程师尚未分化的时期，当代的建筑和结构已经形成了清晰的学科分化[①]。建筑与结构的需求，以及结构的技术属性与非技术属性之间存在着内容、系统、方法论层面的差异。同时从"一元"到"二元"的转变，并不是简单的量的叠加，而是对既定规则的更新与拓展，这使得矛盾的产生成为必然的结果。因而，无论是"二元"建筑结构体系下合理性与真实性的讨论，还是结构与空间、技术与文化的讨论，都隐藏着一条经过"矛盾"与"平衡"通向整一性重建的线索。在这里，矛盾下的平衡意味着在不同的体系之间寻找一条"适度的中道"[②]（图7-2）。

首先，"二元"建筑结构的适度关系，体现为一种"跨越边界"的整合动作。通过建筑师到工程师、结构与空间、技术与文化、"轻"与"重"、清晰与模糊的跨越，弱化对立的边界，在同一系统中对其进行整合。因而，边界的跨越是建立建筑与结构整一性的前提，其使结构得以脱离技术语境里自说自话，在建筑与结构的双重视域中获得完整的展现。这一过程要求建筑师具备跨越边界的好奇心和对结构的敏锐理解；要求工程师将他们的"静力感知能力"与"空间知觉能力"结合起来，利用工程思维将建筑师的"主观"设计决策转译为具体的结构设计方案[3]。

另一层次的适度关系表现为在"跨越边界"基础上，通过将矛盾的两极纳入同一系统当中，并在两极之间找到博弈的共同点，从而构成整体的过程。总体来看，无论是结构技术需求与空间需求的平衡，还是技术与文化之间的平衡，都在一定程度上使得结构的合理性偏离了"最佳形式"。虽然在"一元"建筑结构中以"最佳形式"为设计的终极理想，但在"二元"建筑结构中"最佳形式"通常意味着结构在建筑整体语境中的"无度"或"失度"状态。适度平衡的状态意味着结构从传统的工具合理性向更多元、更具包容性的结构合理性发展，实现了从"正确建造"到"恰如其分"、从部分到整体的转变。

值得强调的是，本书所寻求的整一性思想下的平衡关系并不是在各对立端点之间的对开居中，而是依据设计目标确立的适度"中道"。因而，"中道"的确立并没有特定的标准，需要依据具体的设计条件，针对现时的情况有所偏重；其目标是找到技术理性与设计语境的结合点，使其能够凝结为整体。换句话说，即通过技术与文化两种价值观之间的碰撞，形成动态的平衡状态关系，将不同功能在同一原件中进行整合。

---

① "要将各个大学术分支结合，并且结束他们之间的文化战争，只有一个办法，就是不把科学文化与文学文化之间的界限看作划分地域的边界，而是看成宽阔多半是为探究的领域，有待双方合作参与研究"。融通［40］威尔逊 E O. 知识大融通：21世纪的科学与人文［M］. 北京：中信出版集团，2016.181。

② 亚里士多德在中道学说中适度（sophrosyne）的德性中谈到，真正"健康"、"好的"是两极之间的平衡，这种平衡是一种恰如其分的合理性。从词源上看对于适度的理解有共同的根基，适度包含着合理性的含义，是以整体为目标的合理尺度。［118］斯图克伯杰 C. 环境与发展：一种社会伦理学考量［M］. 北京：人民出版社，2008.25。

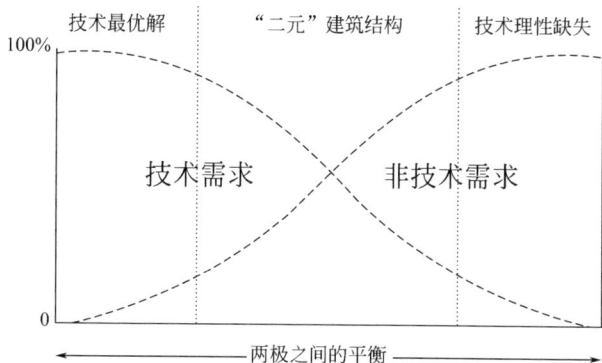

图 7-2　"二元"建筑结构当中的矛盾与平衡

2. 空间-结构-设计语境

由于"一元"建筑结构的观念缺乏结构与空间"二元"整合的基质，使得两者的关系通常表现"顺从"和"限制"的静态平衡状态，即技术对于空间的被动适应（顺从）或成为在特定结构范式下的空间操作（限制）。相比之下，在"二元"建筑结构的观念里，技术属性与非技术属性的动态平衡关系更多表现为在矛盾状态下的对立互补与相互激发（表7-1）。文中的众多案例研究表明，建筑师和工程师经常会在彼此的边界区域内获得力量，而这种力量的来源通常需要在技术与空间相辅相成的状态中获得。因而，"二元"建筑结构中的矛盾性打破了传统"一元"建筑结构的僵化状态，这种矛盾可以被视为生成创新性的先决条件。

"一元"与"二元"建筑结构中技术需求与空间需求之间的关系　　　　表 7-1

	类型	说明
一元	顺从和限制	结构对空间的顺从与制约：更多存在于建筑师主导的项目中，工程师负责结构计算的工作，即在结构选型的基础上对结构尺寸和强度进行调整。这种方式虽然在技术层面存在结构创新的可能性，但不会对建筑的形式和空间产生较多积极的影响，甚至对建筑在理念层面的创新产生限制和阻碍
二元	相互激发	结构与建筑在形式与空间层面的相互激发：一方面，建筑师对于空间和建筑形态方面的设计理念，可以作为工程师进行结构设计的起点；另一方面工程师的结构设计构想，又可以影响建筑师的空间设计与初始的设计理念

本书在第6章的部分将"二元"建筑结构的设计操作路径总结为：理念形成、提出假设、嵌入语境三个阶段。其中在"提出假设"的阶段通过对"建筑对结构的正向作用"及"结构对建筑的逆向作用"两个阶段的分析，展现出"二元"建筑结构设计中的动态平衡与对立互补的过程。之后"嵌入语境"的过程进一步展现了"二元"建筑结构设计过程对既定结构范式在形式和内容方面的拓展。通过这三个阶段的循环往复，使得同一系统中的不同要素通过彼此之间的对话与博弈，逐渐将矛盾内化为创新燃料，最终得以实现各自固有边界在建筑设计的整体语境中的拓展与丰富。

另外，从本书的研究中可以看出，结构与空间的整合有很多具体的方法，但真正将两者整合成一种有序的创造性活动还需要设计理念与设计思维的加持。作为"二元"建筑结构设计过程的核心，两者在设计的概念阶段将建筑与结构整合在一起，使其能够最大限度地实现建筑整体的目标（图7-3）。日本哲学家吉谷丰曾从技术哲学的角度对这一过程进行解释，他认为"技术通常都是妥协冲突的结果，而设计意图为技术在相互冲突的要求中找到最佳的平衡点，尽管妥协的方法可能有很多种组合，唯一应当注意不要使用脱离了设计的目标和条件"[183]。同时，这也说明"二元"建筑结构的设计过程，更需要的是"结构设计思维"的拓展，而不是"结构计算能力"的提升。

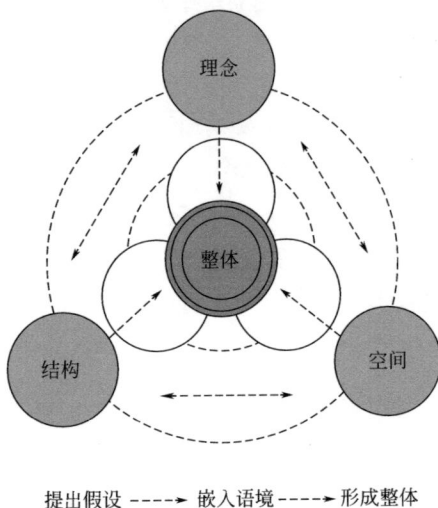

提出假设 - - - -→ 嵌入语境- - - -→ 形成整体

图 7-3　"二元"建筑结构设计中逐渐趋向整体设计理念的过程示意

3. 结构技术与文化的整体性

通过结构技术与文化整一性问题的研究发现，技术的文化属性体现在两个方面。首先，虽然总体的技术发展呈现出更高、更快、更强的趋势，但一种技术形式可以在历史的筛选中存留下来，通常并不在于技术本身的优越性，而是在于这种技术是否能成功地嵌入文化，并承担起传递社会信息的能力。此外，这种关联性还体现在技术迁移过程中，文化对结构技术的差异性再造。正如佩西·阿诺（Pacey Arnold）在《文明世界中的技术》一书中写到，技术从一个文明进入另一个文明的过程绝不仅仅是简单地复制，其中伴随着技术与文化、社会、生态、政治问题的相互影响[184]。

本书将结构技术与文化的关系划分为矛盾、转化、整合三种状态。两者之间的关系会随着历史的演变呈现出使用价值与符号价值之间此消彼长的动态过程。具体来看，技术与文化进化的不一致性是导致两者矛盾的根源之一。科学与技术的突破会引发新的思维方式出现；而新的思维方式又会被纳入到主流文化中，成为下一轮改革的新障碍。以至于每一个结构技术的变革期都不得不挣扎于新兴技术与已经转化为美学形式的传统技术风格之间的整合困境当中。然而，这种矛盾似乎又为相互之间的转换提供了可能。通常技术发展的巅峰时期是其与文化对抗最激烈的阶段，而技术发展的衰退期是最容易转向文化的阶段，这一转化的过程使其在时间维度中获得技术理性之外的情感层次。由此看来，技术进化过程中的矛盾既是困境也是契机，其成为之后技术理性与文化深层融合的先决条件，使得面对文化排挤的新技术可以在被动"披挂文化外衣"之外，通过更具创造力的方式真正进入到"建筑文化的大本营当中"。

此外，从书中其他部分的讨论中也可以发现，一些看似基于技术理性需求的结构设计，实则有着深层的文化渊源。例如，第2章谈到多米诺体系虽然是源于结构的概念，但其真正关注的不是技术的功能性本身，而是其所呈现出的技术美感及其背后的机械时代背景之间的关联性。第5章谈到在一些结构仿生的做法中，结构对自然模拟的非技术动因已超过技术本身的需求，甚至通过增加结构的复杂性、降低结构效率为代价来达到移情的目标。可以看出，技术的解释方式在一些情况下只是一种证明结构正当性的说辞，并不是真实的结构技术需要。这些内容从侧面说明了文化对结构技术选择潜移默化的影响。

7.2 | 几点补充——"一元"与"二元"的再辩

虽然本书对于"二元"建筑结构理论模型的探索是基于"一元"建筑结构观念的批判与反思，但似乎这两种观念之间仍然存在一定的关联。通过研究发现，如果仅通过"是否具有技术与非技术的双重属性"这一个条件进行辨析，甚至可以将"一元"建筑结构视为"二元"建筑结构的一种特殊情形。比如在本书开篇被归为"工具化"倾向的多米诺体系，其结构概念的最初形成是指向空间问题，而不是结构的技术问题；同样"机械化"结构所表达出的客观美也具有一定的文化和情感价值。然而，不可否认的是，尽管"工具化"与"机械化"的结构在一定程度上也具备技术与非技术的双重性，但两者之间仅存在"静态"的"二元"关系——多米诺体系是一种固定的空间范式，而结构表现主义者提出的"结构艺术"通常被视为技术正确的因变量。

通过以上的讨论并结合绪论部分的概念对比可以看出，"一元"和"二元"建筑结构的根本差异不是"双重属性"，而是双重属性之间的流动性和相互激发的互补状态。"一元"建筑结构试图用一种公式化的方法回避技术与非技术之间的矛盾，使得两者边缘的可能性始终处于一种"未被激活"的状态。因而，无法通过"边界的跨越"及技术与文化两种价值观之间的碰撞涌现出创新的内容。

另外，值得强调的是，本书所批判的对象并不是某种特定的结构类型，而是"静态的""不假思索的""以技术崇拜为目标的"结构观念。"工具化"与"机械化"的"一元"建筑结构现象并不是一种错误，但不能将这两种位于"中道"两极的倾向视为一种普适性结构观念。换句话说，"一元"结构中后合理化的设计方法，仅是一种特殊的选择，而不能构成建筑、结构合作方式的全部内容。

7.3 | 研究展望

本书从建筑学的角度探讨结构的问题，属于建筑学和结构工程两个学科的交叉研究。虽然笔者在研究生阶段具有一定的跨学科背景，但对结构技术的认知和掌握相对有限，在学科知识的衔接上有一定的局限性。在案例分析的过程中，受到结构专业知识的限制，对于结构力学行为的解释会更偏向于建筑层面的理解，无法通过技术的手段进行定量分析加以佐证。另外，由于本书的研究重点是对建筑结构"二元性"问题在理论和设计方法等底层逻辑的讨论，更具实践性的建造技术及与之相关的材料问题不作为本书的研究重点；但是在工程实践中建造和材料问题仍然是影响结构设计的重要因素。希望可以在今后的研究工作中通过建筑与结构跨学科的研究平台，进一步对"二元"建筑结构在建造层面的具体实现展开研究，将书中的相关理论研究成果通过具体的量化方式获得呈现。

另外，建筑与结构的整一性研究是一个很大的命题，虽然本书的研究告一段落，但其铺陈开来的问题仍然具有深入研究的价值，希望在今后的学术生涯中可以对其中一二作出进一步的探索。其一，在建筑领域中，建筑师和结构工程师的紧密合作曾做出很多重要的贡献，通过截取历史中若干建筑师与工程师的合作原型，对其合作中矛盾性与相互激发的过程进行深入的研究，探讨"二元"结构观念对建筑设计创新的意义和价值。其二，用"二元"的方式对"一元"的建筑结构体系进行拓展研究，挖掘每一种结构体系的"二元"潜能，实现建筑结构设计语汇的融合与扩充。

最后，借用哲学家培根的话来结束这段"跨越边界"的研究。"人类对事物的理解并不只是一道冰冷的光线，它同时受到人类意志和情绪的影响，因此，科学研究可被称为'个人期望下的可续'"。

附录：

深圳国际交流学院项目介绍

深圳是一座新生的移民城市，包含潮汕、岭南、湖湘等多种亚文化单元，但始终未形成占有绝对优势的主体文化。这个城市共同体形成和发展的原动力并不是中国传统城市当中的血亲与宗族根源，而是一种暗含在深圳效率和深圳速度背后的深圳精神——这一现实主义的文化根基构成了这座城市特殊的人地情感纽带[185]。

一方面，深圳前所未有的人口增速造成了土地资源紧张、教育用地不足等现实困境[186]；另一方面，这种密集的城市特征也成为深圳精神所提出的包容性、开放性、流动性与多元性的物质载体，构成了深圳的现实背景。同时亚热带气候条件下湿热的城市氛围与密林丛生的自然环境则赋予了这座城市先天的地域特质。这种"外在"的由日常实践逐渐建构起来的高密度城市环境与其"内在"的地理文化形成的双重现实共同构成了深圳地域实践的基础。

"筑造本质的实行乃是通过接合位置的诸空间而把位置建立起来"[3]，深圳当下的教育建筑设计，即是通过对新时代更具开放性、灵活性、包容性的教育需求和"高密度""亚热带"这一双重现实所构成的地域本质的整合与汇聚。进而，通过这一差异性的建构确立深圳地区亚热带高密度立体教育中心的身份认同[187]。本书以此为线索展开对深圳国际交流学院的设计思考，通过对教育建筑本质的追问与反思，以及对建筑和城市与自然的共生关系、高密度建筑的活力形成、校园公共空间的营造、气候适应性等相关问题的研究，提出符合当下教育发展需求并与深圳亚热带、高密度城市特质相契合的教育建筑设计策略。

1. 教育的容器——容纳与生长

"教育即生长——教育是持续不断的生长过程，在生长的每个阶段，都以增加生长的能力为其目的。"[188]

——杜威

生长是万物的希望，也是自然得以存续的动力，其构成了校园建筑的精神内核。建造是一种与生长相关的人类活动，海德格尔曾用德语单词"Bauen"来表达"栖居"的含义，其包含"建造（cultura）"和"种植（aedificare）"两种存在方式，即"船舶和庙宇的建造"和"照看果实的生长"[189]。

　　校园的建造是一次物理的生长过程，从建造之日起到建造活动的完结是形成了建筑自身的第一次生长，达到人力建造的完满状态，成为庇护生命、容纳生长的居所。校园建筑的生长过程本身是在铸造一个能够用以承载教育的容器。当其完成了"器"的铸造，具备了"容纳"教育的实体，即从"建立"的"Bauen"进入"照料"的"Bauen"，开始了"照看果实成长"的阶段。这一阶段的生长呈现出一种持续的交互状态。一方面，学生在校园的"照料"下逐渐长大，成为教育的果实；另一方面，这一成长的过程也在不断地为校园注入生命的活力与生长的动力。在深圳国际交流学院的校园中，学生依托校园主体进行的壁画创作与空间再造活动，以及植物、土壤和建筑之间相互融合的过程不断丰富着校园空间的设计，使其始终处于一种未完成的生长状态。这种自然、建筑与人相互滋养、彼此融合的过程成为深圳国际交流学院新校园对"生长"与"容纳"这一教育主题的回应（图1、图2）。

图1　教学楼内侧庭院与空中图书馆
（来源：UK Studio拍摄）

图2　项目总图

2. 场所回应——边界与留白

1）边界

　　校园建筑既是城市的"保护区"，也是社区的重要组成部分。硬性的边界会破坏校园与周边场地基质之间的互补与共生关系，过度的保护和围合则无法满足青少年对自由和开放的需要。因而，校园设计需要在"保护"与"自由"的两难之间建立一种平衡。

深圳国际交流学院的新校区位于城市中心区，南侧与东侧紧邻城市次干道，地势呈西北高、东南低的趋势，其中南北高差近3米，东西高差近10米。为了克服场地标高的变化，将校园的原有"地面"抬高与西侧高地衔接形成"双重地表"（图3）。这一操作在垂直维度将校园主体与南北两条城市道路隔离开，保障了校园内部完整性与私密性的同时，创造积极的城市界面和开放的场所氛围。同时，利用外围水系、植被、平台落影共同组成的柔性边界，形成校园向城市空间的缓慢过渡（图4）。

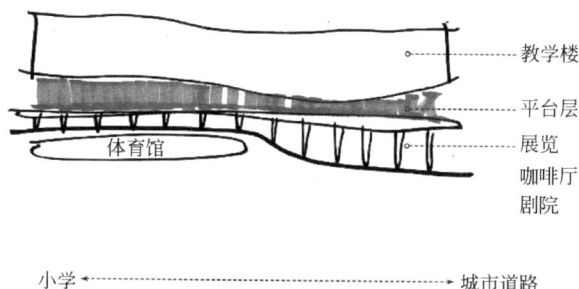

图3　校园南北方向基地关系手绘图

图4　校园外围水系
（来源：UK Studio 拍摄）

2）留白

在紧张的用地条件下，利用基地高差形成的"双层地表"为自然持守了一道边界。校园内部3800平方米的核心庭院与环绕在校园外围的水系形成连续的循环系统，构成校园底层空间叙事的核心。将这部分自然的留白向垂直方向延展，与平台层结合在一起，在校园的底层形成连续的室外活动场地。利用平台层地势的起伏形成空间界定，在高起的部分设置内含空间，低凹处将踏步拓展为室外观演空间和休息平台。同时，考虑到结构合理性的要求，将体育馆、剧院、多功能厅等大尺度空间布置在塔楼之间的空地，并将这一部分的房间屋面拓展为户外运动场地。"双重地表"的存在，不仅为校园提供了更多的户外活动空间，而且作为校园与大地之间的调和层，建立起校园与自然之间的共生关系，为校园和城市保留一片可以自由呼吸与奔跑的"山丘"（图5）。

图5　核心庭院与户外活动场地
（来源：UK Studio拍摄）

3. 拥挤的活力——叠层与并置

深圳国际交流学院的项目基地位于拥挤的城市环境中，用地面积2.18万平方米，建筑面积超过10万平方米。在容积率接近5的条件下，需要提供可同时满足2000名学生和200多名教师使用需求的教学设施、宿舍、公寓、体育运动场地。设计通过水平和垂直两个方向的功能组织与空间梳理，实现场地资源集约共享，为这座高密的城市校园创造更多的生机与活力。

1）叠层

在垂直维度，通过对校园功能空间的梳理形成三种空间形态，分别对应地面层、平台层、塔楼三个区域，通过对自然生长态势的模拟，形成公共性到私密性的空间变化。

地面层如同建筑的"根部"，与土壤和水系融合在一起，具有较高的空间活力，包括体育馆、剧场、画廊、咖啡厅、接待区、办公区等人流密集的大尺度空间和对外服务空间。平台层如同建筑的"茎部"，成为悬浮于地面层和塔楼之间的中介，包括500米空中跑道、3500平方米的绿化面积及由艺术教室、健身房、乒乓球室、研讨间组成的7个异型的"盒子"空间。同时，这一区域独立的交通核作为校园内部的端钮，结合标识系统和立面色彩的设计形成清晰的空间定位。塔楼区架设在平台层之上，由私密性较高的单元式空间组成，包括8层教学楼、13层宿舍楼及25层教师公寓。密集、均质的框架结构体系支撑着校园的主体空间，如同由枝叶构成的树冠，为底层空间提供荫蔽。

2）并置

水平方向，核心庭院将校园分为南北两区。其中南区是教学区，包括主要的教学空间、剧院、图书馆、社团活动室和管理、接待办公室；北区是生活区，包括外教宿舍、学生宿舍、食堂、体育馆。两区之间由平台层与地面层形成的双重地表连接成整体（图6）。

具体包括教学区与生活区之间的核心庭院，西南侧入口处的接待庭院和篮球场以及场地东南角的内向型庭院。底层院落的设置与体育馆、剧院等大型活动空间相结合，作为内部使用空间的延伸，对应主要人流集散区。同时，教学区南北楼、学生宿舍、外交公寓四栋楼宇，在另一个维度形成三个纵向的院落空间。并通过院落的组织与纵向的空间秩序编织在一起，时而交叠、时而错动，构成层次清晰、变幻丰富的空间场景（图7）。

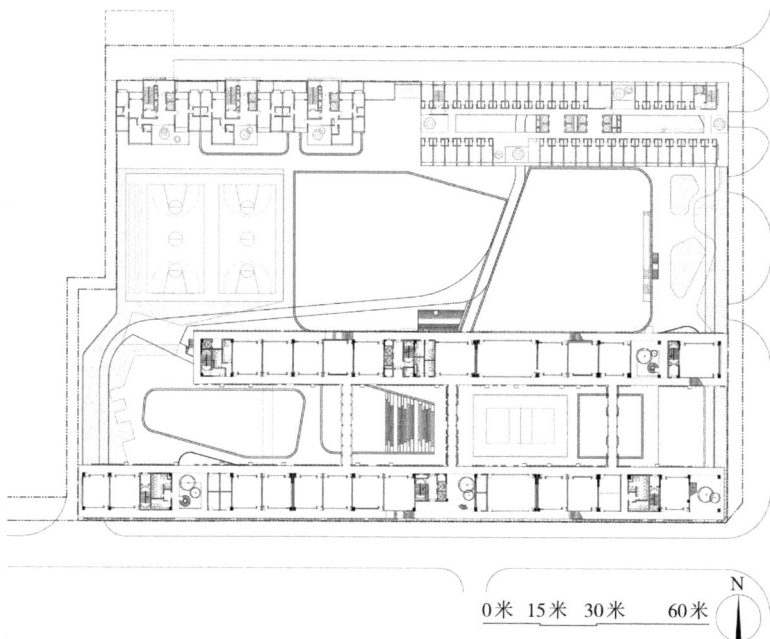

图 6　标准层平面图

图 7　教学楼剖透视图

3）交织

在深圳国际交流学院校园中，不同的空间线索在水平和纵向两个维度交织，形成层层叠叠的惊喜，惊喜之间是婆娑的树影与奔跑的少年。正如卡尔维诺描绘的空间景象："行走的路线绝不只限于一个层面上，而是一路上有上上下下的台阶，有驻足的平地，有驴背式的罗锅桥，还有架空的路……"[190]。

校园通过水平和垂直两个方向的叠加和并置，将不同功能和尺度的空间组织在一起，编织成四维立体的场所系统。教学楼外围的跑酷空间与平台层的悬空跑道，将攀岩墙、投篮练习场地等16个散布于校园不同空间维度的体育单元连成整体，形成一条充满生机的活力回环，打破框架结构系统下静态、网格化的空间秩序，增加校园整体的灵活性与趣味性（图8）。

图8 户外活动场地
（来源：UK Studio拍摄）

4. 空间自主性——正式与非正式

1）正式与非正式

当代校园建筑既需要提供规范化的教室空间满足"正式"教学的具体要求，也需要考虑空间的自主性，为"非正式"的讲授、聆听和分享行为创造条件。

深圳国际交流学院校园将"正式的"教学空间置于上层的静态区域，通过几何与色彩的组织将教育体系内在空间的秩序转译为可以阅读的形式语言。具体来说，教学楼被划分为南、北两个区域，从南楼到北楼形成连续的色彩渐变，不同的颜色区域分别对应不同的学科单元；另外，在学科分界处设置层间楼梯和公共平台，与两楼之间的空中廊桥形成对位关系，通过加强水平、垂直两个维度的交通联系，提高走廊空间的疏散效率、增加空间可达性。

"非正式"学习空间，即路易斯·康描绘的树下空间，其通过激发"不自觉的"讨论行为，形成教育场所。与正式学习空间相比，自发的教育和分享行为存在于非具体的弹性空间当中。由平台层、地面层与核心庭院形成的开放场地成为这一类互动式学习空间的聚集地。塔楼落影、结构柱、环形跑道、台阶、院落、植被、水景、置石等不同空间与景观要素的叠加与渗透,形成聚合、异质、离散等多样化的空间形态,以满足个体差异性的空间需求。这些浸润在自然当中的点状单元,与地面区域密集的人流扭结在一起,形成一种混质、共生的丛林氛围,作为校园空间活力的生发机制(图9、图10)。

图 9　校园核心庭院与空中廊道
（来源：UK Studio拍摄）

图 10　教学楼、跑道层与平台层的组织关系
（来源：UK Studio拍摄）

2）相反相成

教学楼南、北楼之间的狭长空间,被悬于空中的图书馆与架设在两楼之间的5座高低错落的连桥分割,将教学楼中间的狭长空间划分为不同的层次,形成连续的空间变奏(图11)。同时,平台层与地面层形成的双重地表结合标高的变化形成丰富多变的空间,从东到西分布着艺术庭院、排球场、入口庭院、篮球场。课余活动时间,底层活力唤醒上层静态空间,并通过外廊和教学楼内侧的空中连桥限定空间,形成三面或四面围合的空中看台,增强不同场所区域之间的视线交流。利用有限的基地面积,将交通空间转换为"非正式"的自主空间,提升空间的使用效率,激发教学区的趣味性与交互性。

5. 生态策略——呼吸与遮蔽

雨热同期的亚热带季风气候赋予了深圳这座城市特殊的地方特质,建筑对于当地气候条件的回应,不仅涉及生态技术策略的思考,更是对于场所精神与人地关系的认知和重建。

1）呼吸

自然界中,人体和动植物都包含大量的腔体空间作为生命汲取营养、获得能量的管道。高密度的城市环境下,由于土地资源的短缺和对利益最大化的追逐,人们往往要为每一个空间的让位填补功能的实体。毫无疑问,空间利用率的最大化为城市提供了更多的使用空间,但在无形之中削减了城市和建筑生命体的丰富性与活力。

深圳国际交流学院新校区的设计通过有效的空间组织形成腔体空间,提升校园内部的空气质量和热舒适性。平台架空层与五个内向型庭院构成相互贯穿的立体通风系统成为校园内部主要的"呼吸通道"。同时有意识地打开底层院落的局部边界、结合植物之间的布置，与校园外部形成空间渗透，引导自然通风。在平台架空层以上的教学楼、学生宿舍与教室宿舍穿插布置2～4层通高的空中庭院形成点状气孔（图12），通过竖向天井与平台层、核心庭院构成的主要通风界面连接在一起。同时，这些嵌入主体结构的"呼吸通道"有效地打破教学楼和居住空间内部的层间隔离，通过与景观设计的结合形成舒适的微气候环境，在高密度城市环境中留出一些可以释放心灵的空间（图13）。

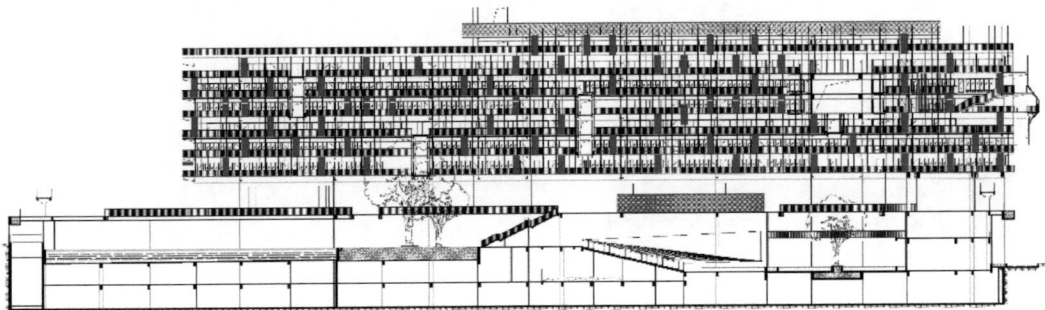

图 11   教学楼东西方向剖面图

图 12   垂直绿化与通风系统示意图
（来源：UK Studio 拍摄）

图 13   教学楼东端空中庭院
（来源：UK Studio 拍摄）

2）遮蔽

"城市里的绿色区域可以看作是与水泥森林战斗的生态措施，因为植物能够产生'绿洲效应'，从宏观和微观层次上减缓城市变暖"[191]。深圳国际交流学院校园将混凝土框架结构转化为承载生命的容器，在这里植物被视为空间系统的组成部分，通过设计的途径重建人与自然之间的情感关联。

校园中的植被、水系和地表的起伏共同塑造出丰富的景观层次，将室外公共空间划分为若干小尺度的、具有庇护感的亲密环境，并成为一种有效的气候调节机制（图14）。教室两侧利用双向外廊及垂直绿化定义的自遮阳系统形成依附在建筑外围的热空气滤层，有效吸收直射太阳光和漫反射的环境光，构成了教学空间与城市之间的天然屏障。随着一天的周期、季节与气候的变化形成空间与时间感知，为教室和走廊空间增添了一份自然的诗意与灵动（图15、图16）。绿化系统的引入，不仅成为一种遮阳、隔热的技术策略，也形成了人与自然之间的中介，使得高密度的校园空间成为兼具使用效率与人文情怀的有机生命体。

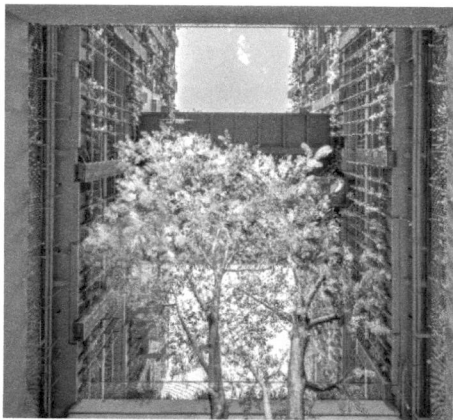

图 14 教学楼东南角庭院仰视图
（来源：UK Studio 拍摄）

图 15 教学楼绿化
（来源：UK Studio 拍摄）

图 16 教学楼连廊
（来源：UK Studio 拍摄）

6. 结语

我们目前所处的时代需要更具开放性、包容性、灵活性的校园空间——不仅要提供满足教育教学与日常生活需要的功能性空间，也应满足青少年对于生长环境的情感需求。植被、阳光和流动水源，释放天性和自由奔跑的户外活动场所，以及交流与分享的非正式空间，都成为教育容器中不可或缺的内容。深圳国际交流学院新校区的设计，通过对当下教育建筑设计需求的积极回应，以及对地方性、公共空间、生态环境等相关问题的整合与吸纳，形成亚热带城市中心区教育建筑的身份认同，进而为深圳未来城市化发展过程中的高密度建筑环境相关问题提供实践经验。

参考文献

［1］GARLOCK M E M，BILLINGTON D P，BURGER N. Félix Candela：Engineer，Builder，Structural Artist［M］. New Haven：Yale University Press，2008.

［2］肯尼思·鲍威尔. 伟大的建筑师［M］. 何可人，周宇舫，译. 北京：商务印书馆，2021.

［3］海德格尔. 演讲与论文集［M］. 孙周兴，译. 北京：生活·读书·新知三联书店，2005.

［4］安德鲁·芬伯格. 技术批判理论［M］. 韩连庆，曹观法，译. 北京：北京大学出版社，2005.

［5］唐·伊德. 技术哲学导论［M］. 骆月明，欧阳光明，译. 上海：上海大学出版社，2017.

［6］CHABOT P. The philosophy of Simondon：between technology and individuation［M］. London：Bloomsbury Academic，2013.

［7］SIMONDON G. On the Mode of Existence of Technical Objects［M］. Univocal Publishing，2017.

［8］朱恬骅. 西蒙栋"技术美学"评析［J］. 自然辩证法研究，2018，34（5）：37-42.

［9］罗兰·巴特. 罗兰·巴特随笔选［M］. 怀宇，译. 天津：百花文艺出版社，1995.

［10］尼古拉斯·佩夫斯纳. 反理性主义者与理性主义者［M］. 邓敬，译. 北京：中国建筑工业出版社，2003.

［11］MAINSTONE R J. Structure in Architecture History，Design and Innovation［M］. London：Routledge，1999.

［12］阿德里安·福蒂. 词语与建筑物：现代建筑的语汇［M］. 李华，武昕，诸葛静，等，译. 北京：中国建筑工业出版社，2018.

［13］SAINT A. Architect and engineer：a study in sibling rivalry［M］. New Haven：Yale University Press，2007.

［14］希格弗莱德·吉迪恩. 空间·时间·建筑：一个新传统的成长［M］. 王锦堂，孙全文，译. 武汉：华中科技大学出版社，2014.

［15］FLURY A. Cooperation：The Engineer and the Architect［M］. Birkhäuser，2012.

［16］PEREZ-GOMEZ A. Architecture and the crisis of modern science［M］. Cambvridge：MIT Press，1983.

［17］MACDONALD A J. Structure and Architecture，Second Edition［M］. London：Routledge，2018.

［18］菲尔·赫恩. 塑成建筑的思想［M］. 张宇，译. 北京：中国建筑工业出版社，2006.

［19］彼得·柯林斯. 现代建筑设计思想的演变［M］. 英若聪，译. 北京：中国建筑工业出版社，2003.

［20］克里斯蒂安·诺伯格-舒尔茨. 西方建筑的意义［M］. 李路珂，欧阳恬之，译. 北京：中国建筑工业出版社，2005.

［21］皮埃尔·路易吉·奈尔维. 建筑的艺术与技术［M］. 黄云升，译. 北京：中国建筑工业出版社，1981.

［22］罗伯特·麦卡特尤哈尼·帕拉斯玛. 认识建筑［M］. 宋明波，译. 长沙：湖南美术出版社，2020.

［23］MAINSTONE R J. Developments in structural form［M］. Boston：Architectural Press，2001.

［24］鲁道夫·维特科尔. 人文主义时代的建筑原理［M］. 刘东洋，译. 北京：中国建筑工业出版

社，2016.

［25］柳亦春. 结构为何？［J］. 建筑师，2015，（2）：43-50.

［26］KARL-EUGEN K. The History of the Theory of Structures：Searching for Equilibrium ［M］. Wiley，2018.

［27］尼古拉斯·佩夫斯纳. 现代设计的先驱者：从威廉·莫里斯到格罗皮乌斯 ［M］. 王申祐，译. 北京：中国建筑工业出版社，1987.

［28］季元振. 关于尤金·艾曼努埃尔·维奥莱·勒·杜克和他的结构理性主义 ［J］. 住区，2011，（6）：134-138.

［29］肯尼斯·弗兰姆普敦. 现代建筑：一部批判的历史 ［M］. 张钦楠，译. 北京：生活·读书·新知三联书店，2004.

［30］朱雷. 空间操作：现代建筑空间设计及教学研究的基础与反思 ［M］. 南京：东南大学出版社，2015.

［31］刘磊. 勒·柯布西耶对奥古斯特·佩雷建筑思想的批判继承 ［J］. 建筑师，2021，（5）：58.

［32］威廉·柯蒂斯. 20世纪世界建筑史 ［M］. 北京：中国建筑工业出版社，2011.

［33］SANDAKER B N. On Span and Space：Exploring Structures in Architecture ［M］. London：Routledge，2008.

［34］CHARLESON A. Structure as architecture：a source book for architects and structural engineers ［M］. London：Routledge，2014.

［35］VRONTISSI M. "Constructing equilibrium"：A methodological approach to teach structural design in architecture ［C］. IV International Conference on Structural Engineering Education，Madrid，Spain，2018.

［36］约格·康策特. 工程师眼里的建筑 ［J］. 世界建筑，2005，（1）：25-29.

［37］斯科台克. 建筑结构：分析方法及其设计应用 ［M］. 罗福午，杨军，曹俊，译. 北京：清华大学出版社，2005.

［38］PASTRE R C L. Filigree constructions vs solid constructions. The relationship between structure and architecture in the contemporary age ［C］. Structures & Architecture：ICSA，2010

［39］KEREZ C. El Croquis ［J］. El Croquis，2009，145.

［40］孟宪川. 形与力的融合对建筑师克雷兹和结构师席沃扎三个建筑的介绍与图解静力学分析 ［J］. 时代建筑，2013，（5）：56-61.

［41］大野博史，陈笛. 日常的结构：从Hi-tech到Hide-tech ［J］. 建筑师，2015，（2）：115.

［42］大卫·雷格里芬. 后现代科学——科学魅力的再现 ［M］. 马季方，译. 北京：中央编译出版社，2004.

［43］LEATHERBARROW D. The Roots of Architectural Invention ［M］. London：Cambridge University Press，1993.

［44］诺伯舒兹. 场所精神：迈向建筑现象学 ［M］. 施植明，译. 武汉：华中科技大学出版社，2010.

［45］冯黎明. 技术文明语境中的现代主义艺术 ［M］. 北京：中国社会科学出版社，2003.

［46］马克斯·舍勒. 人在宇宙中的地位 ［M］. 李伯杰，译. 贵阳：贵州人民出版社，2018.

［47］刘易斯·芒福德. 技术与文明［M］. 陈允明，王克仁，李华山，译. 北京：中国建筑工业出版社，2009.

［48］ADDIS B. Building：3000 years of design engineering and construction［M］. London：Phaidon，2007.

［49］唐·伊德. 技术与生活世界：从伊甸园到尘世［M］. 韩连庆，译. 北京：北京大学出版社，2012.

［50］爱德华·威尔逊. 知识大融通：21世纪的科学与人文［M］. 梁锦鋆，译. 北京：中信出版集团，2016.

［51］BILLINGTON D P. The tower and the bridge：the new art of structural engineering［M］. Princeton，NJ：Princeton University Press，1985.

［52］BILLINGTON D P. The Art of Structural Design：A Swiss Legacy［M］. New Haven：Yale University Press，2003.

［53］FRANCASTEL P. Art & technology in the nineteenth and twentieth centuries［M］. New York：Zone Books，2000.

［54］PFAMMATTER U. The making of the modern architect and engineer：the origins and development of a scientific and industrially oriented education［M］. Boston：Birkhauser-Publishers for Architecture，2000.

［55］朱竞翔. 约束与自由——来自现代运动结构先驱的启示［D］. 东南大学，1999.

［56］肯尼思·弗兰姆普敦. 建构文化研究：论19世纪和20世纪建筑中的建造诗学［M］. 王骏阳，译. 北京：中国建筑工业出版社，2007.

［57］托尼·科特尼克，王帅中. 图解静力学：一种实现强结构的操作方法［J］. 建筑师，2021，（3）：21.

［58］MUTTONI A. The art of structures［M］. 1st ed.. ed. Lausanne，Switzerland：EPFL Press，2011.

［59］孟宪川. 基于弯矩图的建筑设计方法［J］. 建筑学报，2019，（6）：84.

［60］索尔瓦多瑞. 从洞穴到摩天大楼［M］. 程振远，张霖欣，顾馥保，译. 北京：科学普及出版社，1987.

［61］SANDAKER B N. The structural basis of architecture［M］. London：Routledge，2011.

［62］JURG Conzett M M，BRUNO Reichlin. Structure as space［M］. London：Architectural Association，2006.

［63］王帅中，曹婷. "强结构"——结构的复魅［J］. 建筑师，2021，（3）：5.

［64］郭屹民. 超越理性主义的日本当代建筑触发形态自由的结构方法［J］. 时代建筑，2011，（1）：122-127.

［65］刘奕秋，克里斯蒂安·克雷兹. 当一切都合为整体——克里斯蒂安·克雷兹访谈［J］. 建筑师，2018，（3）：48.

［66］佐佐木睦朗，张维. 形式的深层建筑与结构形态［J］. 时代建筑，2013，（5）：26.

［67］段敬阳，邓浩. 分离与趋同——论建筑师与工程师的技术观［J］. 世界建筑，2002，（11）：73.

［68］VRONTISSI M. The physical model as means of projective inquiry in structural studies：the paradigm of architectural education［D］. ETH，2018.

［69］渡边邦夫. 结构设计的新理念·新方法 ［M］. 小山广，小山友子，译. 北京：中国建筑工业出版社，2008.

［70］KOMENDANT A E. 18 Years with Architect Louis Kahn ［M］. Englewood，N.J.：Aloray，1975.

［71］塞西尔·巴尔蒙德. 异规 ［M］. 李寒松，译. 北京：中国建筑工业出版社，2008.

［72］刘拥华. 从二元论到二重性：布迪厄社会观理论研究 ［J］. 社会，2009，（3）：101-132.

［73］周建武. 科学推理：逻辑与科学思维方法 ［M］. 北京：化学工业出版社，2020.

［74］勒·柯布西耶. 走向新建筑 ［M］. 陈志华，译. 天津：天津科学技术出版社，1991.

［75］勒·柯布西耶. 一栋住宅，一座宫殿：建筑整体性研究 ［M］. 治棋，刘磊，译. 北京：中国建筑工业出版社，2011.

［76］小林克弘. 建筑构成手法 ［M］. 陈志华，王小盾，译. 北京：中国建筑工业出版社，2004.

［77］CRUVELLIER M. Model perspectives：structure，architecture and culture ［M］. New York：Routledge，Taylor & Francis Group，2017.

［78］CURTIS W J R. Le Corbusier：ideas and forms ［M］. London：Phaidon，1986.

［79］彼得·埃森曼，范凌，王飞. 现代主义的角度多米诺住宅和自我指涉符号 ［J］. 时代建筑，2007，（6）：106.

［80］戴维·P·比林顿. 塔和桥：结构工程的新艺术 ［M］. 钟吉秀，译. 北京：科学普及出版社，1991.

［81］勒·柯布西耶. 精确性：建筑与城市规划状态报告 ［M］. 陈洁，译. 北京：中国建筑工业出版社，2009.

［82］马尔科姆·米莱. 建筑结构原理：从概念到设计 ［M］. 赵玥，译. 北京：电子工业出版社，2016.

［83］LEATHERBARROW D. Surface architecture ［M］. Cambridge：MIT Press，2002.

［84］MICHELS K. Der Sinn der Unordnung：Arbeitsformen im Atelier Le Corbusier ［M］. German：Vieweg+Teubner Verlag，2012.

［85］塞缪尔. 勒·柯布西耶的细部设计 ［M］. 邓敬，译. 北京：中国建筑工业出版社，2009.

［86］STANISLAUS V. MOOS. Le Corbusier，elements of a synthesis ［M］. Rotterdam：010 Publishers，2009.

［87］金秋野. 莫诺尔——柯布西耶作品中的筒形拱母题与反地域性乡土建筑 ［J］. 建筑师，2015，（5）：49.

［88］富永让. 勒·柯布西耶的住宅空间构成 ［M］. 刘京梁，译. 北京：中国建筑工业出版社，2007.

［89］W·博奥席耶. 勒·柯布西耶全集：第二卷 ［M］. 牛燕芳，程超，译. 北京：中国建筑工业出版社，2005.

［90］W·博奥席耶. 勒·柯布西耶全集：第四卷 ［M］. 牛燕芳，程超，译. 北京：中国建筑工业出版社，2005.

［91］DANILO U.S. Le Corbusier and the Paris Exhibition of 1937：The Temps Nouveaux Pavilion ［J］. Journal of the Society of Architectural Historians，1997，56（1）：42.

［92］DANIÈLE P. Le Corbusier：the chapel at Ronchamp ［M］. Switzerland：Birkhäuser，2008.

［93］汤凤龙. "有机"的秩序和"材料的本性"——弗兰克·劳埃德·赖特 ［M］. 北京：中国建

筑工业出版社，2015.

［94］罗伯特·麦卡特.赖特［M］.宋协立，译.北京：北京大学出版社，2018.

［95］弗兰克·劳埃德·赖特.赖特论美国建筑［M］.姜涌，李振涛，译.北京：中国建筑工业出版社，2009.

［96］弗兰克·劳埃德·赖特.建筑之梦［M］.于潼，译.济南：山东画报出版社，2011.

［97］威廉·阿休·斯托勒.弗兰克·劳埃德·赖特建筑作品全集［M］.赵静，译.北京：中国建筑工业出版社，2011.

［98］薛恩伦.弗兰克·劳埃德·赖特［M］.北京：中国建筑工业出版社，2011.

［99］BLAKE P. Master Builders：Le Corbusier, Mies van der Rohe, and Frank Lloyd Wright［M］. New York：W. W. Norton & Company，1996.

［100］米兰·昆德拉.不能承受的生命之轻［M］.许钧，译.上海：译文出版社，2013.

［101］MCCARTER R. Louis I. Kahn［M］. London：Phaidon，2005.

［102］ZUCKER P. New architecture and city planning［M］. Philosophical Library，1944.

［103］戴维·B·布朗宁，戴维·G·德·龙.路易斯·I·康：在建筑的王国中［M］.马琴，译.北京：中国建筑工业出版社，2004.

［104］SHIH C-M，LIOU F-J. Louis Kahn's Tectonic Poetics：The University of Pennsylvania Medical Research Laboratories and the Salk Institute for Biological Studies［J］. Journal of Asian architecture and building engineering，2010，9（2）：283.

［105］汤凤龙.“间隔”的秩序与“事物的区分”：路易斯·I·康［M］.北京：中国建筑工业出版社，2012.

［106］克劳斯-彼得·加斯特.路易斯·I·康：秩序的理念［M］.马琴，译.北京：中国建筑工业出版社，2007.

［107］约翰·罗贝尔.静谧与光明：路易·康的建筑精神［M］.成寒，译.北京：清华大学出版社，2010.

［108］CACCIATORE F. The Wall as Living Place Hollow Structural Forms in Louis Kahn's Work［M］. Siracusa：LetteraVentidue，2016.

［109］KAHN L I. Louis Kahn：essential texts［M］. New York：W.W. Norton，2003.

［110］张弦.《塔和桥》拾遗——基于人本价值观对工程师结构理性的反思［J］.建筑与文化，2013，（12）：94.

［111］阿兰·德波顿.幸福的建筑［M］.冯涛，译.上海：上海译文出版社，2021.

［112］比尔·阿迪斯.创造力和创新：结构工程师对设计的贡献［M］.高立人，译.北京：中国建筑工业出版社，2008.

［113］川口卫.建筑结构的奥秘：力的传递与形式［M］.王小盾，陈志华，译.北京：清华大学出版社，2017.

［114］MEISS P v. Elements of architecture：from form to place + tectonics［M］. London：Routledge，2013.

［115］TORROJA MIRET E. Philosophy of structures［M］. Berkeley：University of California Press，1958.

［116］PEREZ GOMEZ A. Built upon love：architectural longing after ethics and aesthetics［M］.

Cambridge：MIT Press，2006.

［117］布莱恩·阿瑟. 技术的本质：技术是什么，它是如何进化的［M］.曹东溟，王健，译. 杭州：浙江人民出版社，2014.

［118］克里斯托弗·司徒博. 环境与发展：一种社会伦理学考量［M］.邓安庆，译.北京：人民出版社，2008.

［119］罗伯特·诺齐克. 合理性的本质＝＝The nature of rationality［M］.葛四友，陈昉，译.上海：上海译文出版社，2016.

［120］奎纳尔·希尔贝克. 西方哲学史：从古希腊到当下［M］.童世骏，郁振华，刘进，译.上海：上海译文出版社，2016.

［121］罗伯特·所罗门. 大问题：简明哲学导论［M］.张卜天，译.桂林：广西师范大学出版社，2011.

［122］安德烈亚·帕拉弟奥. 帕拉第奥建筑四书［M］.李路珂，郑文博，译.北京：中国建筑工业出版社，2015.

［123］史永高. 材料呈现：19和20世纪西方建筑中材料的建造—空间双重性研究［M］.南京：东南大学出版社，2008.

［124］约翰·罗斯金.建筑的七盏明灯［M］.石琪琪，译.济南：山东画报出版社，2006.

［125］COWAN H J. The Modern Movement，Structural Honesty，and Environmental Verity［J］. Architectural Science Review，1992，35（3）：97.

［126］尤金-艾曼努尔·维奥莱-勒-迪克.维奥莱-勒-迪克建筑学讲义［M］.徐玫，白颖，译.北京：中国建筑工业出版社，2015.

［127］杰弗里·斯科特. 人文主义建筑学：情趣史的研究［M］.张钦楠，译.北京：中国建筑工业出版社，2012.

［128］卡雷斯·瓦洪拉特.邓敬，译.对建构学的思考在技艺的呈现与隐匿之间［J］.时代建筑，2009，（5）：132–139.

［129］约格·康策特. A Case Study of the Synergy of the Technological Perspective and the Architectonic Palazzo della Regione in Trento［J］.时代建筑，2013，（5）：50.

［130］海诺·恩格尔. 结构体系与建筑造型［M］.林昌明，罗时玮，译.天津：天津大学出版社，2002.

［131］高燕.本构和释缚——梁的技术逻辑与形态表现研究［D］.东南大学，2008.

［132］戴航.梁构·建筑［M］.北京：科学出版社，2008.

［133］白正仙，刘锡良，李义生. 新型空间结构形式——张弦梁结构［J］.空间结构，2001，（2）：33–38+10.

［134］陈朝晖，龙灏，黄子璇. 成为索与拱的组合梁的愿望［J］.时代建筑，2014，（5）：114–119.

［135］布鲁诺·赛维. 建筑空间论：如何品评建筑［M］.张似赞，译.北京：中国建筑工业出版社，2006.

［136］程大锦.建筑：形式、空间和秩序［M］.刘丛红，译.天津：天津大学出版社，2018.

［137］Carlana M，Mezzalira L，Iorio A. Jürg Conzett，Gianfranco Bronzini，Patrick Gartmann：forme di strutture［M］.Electa architettura，2011.

［138］斯坦福·安德森. 埃拉蒂奥·迪埃斯特：结构艺术的创造力 ［M］. 杨鹏，译. 上海：同济大学出版社，2013.

［139］爱德华·R·福特. 建筑细部 ［M］. 胡迪，隋心，陈世光，译. 南京：江苏凤凰科学技术出版社，2015.

［140］J.E.戈登. 结构是什么 ［M］. 李轻舟，译. 北京：中信出版社，2019.

［141］戴航，张冰. 结构·空间·界面的整合设计及表现 ［M］. 南京：东南大学出版社，2016.

［142］LI J B H K P-K. Masted Structures in architecture ［M］. Oxford；Boston Architectural Press，1996.

［143］内藤广. 结构设计讲义 ［M］. 张光玮，崔轩，译. 北京：清华大学出版社，2018.

［144］郭屹民. 建筑的诗学：对话·坂本一成的思考 ［M］. 南京：东南大学出版社，2011.

［145］DECHAU W，BAUS U. Trutg dil Flem：Seven bridges by Jürg Conzett ［M］. Scheidegger & Spiess，2013.

［146］ISHIGAMI C K J. El Croquis ［J］. El Croquis，2016，182.

［147］柳亦春. 像鸟儿那样轻——从石上纯也设计的桌子说起 ［J］. 建筑技艺，2013，（2）：36.

［148］OLGIATI V. El Croquis ［J］. El Croquis，2011，156.

［149］李博. 康策特是谁？一个瑞士结构师的诗意抗争 ［J］. 时代建筑，2013，（5）：40-49.

［150］张成岗. 西方技术观的历史嬗变与当代启示 ［J］. 南京大学学报，2013，（4）：60.

［151］高亮华. 人文主义视野中的技术 ［M］. 北京：中国社会科学出版社，1996.

［152］程志翔. 何谓技术工具论：含义与分类 ［J］. 科学技术哲学研究，2019，36（4）：75-81.

［153］卡尔·米切姆. 王楠译. 藏龙卧虎的预言，潜在的希望：技术哲学的过去与未来 ［J］. 工程研究——跨学科视野中的工程，2014，6（2）：119-124.

［154］赵乐静. 可选择的技术：关于技术的解释学研究 ［D］，山西大学，2004.

［155］胡翌霖. 技术哲学导论 ［M］. 北京：商务印书馆，2021.

［156］林慧岳，丁雪. 技术哲学从经验转向到文化转向的发展及其展望 ［J］. 湖南师范大学社会科学学报，2012，41（4）：31.

［157］FEENBERG A. Questioning Technology ［M］. London：Routledge，1999.

［158］安德鲁·芬伯格. 技术体系：理性的社会生活 ［M］. 上海：上海社会科学院出版社，2018.

［159］胡翌霖. 技术哲学导论 ［M］. 北京：商务印书馆，2021.

［160］马克·夏凯星. 高层建筑设计：以结构为建筑 ［M］. 刘栋，李兆凡，潘斌，译. 北京：中国建筑工业出版社，2019.

［161］唐·伊德. 技术与生活世界：从伊甸园到尘世 ［M］. 韩连庆，译. 北京：北京大学出版社，2012.

［162］吴国盛. 技术哲学经典读本 ［M］. 上海：上海交通大学出版社，2008.

［163］高静. 建筑技术文化的研究 ［D］. 西安建筑科技大学. 2005.

［164］克里斯·亚伯. 建筑·技术与方法 ［M］. 项琳斐，项瑾斐，译. 北京：中国建筑工业出版社，2009.

［165］汪民安. 感官技术 ［M］. 北京：北京大学出版社，2011.

［166］汉诺-沃尔特·克鲁夫特. 建筑理论史：从维特鲁威到现在 ［M］. 王贵祥，译. 北京：中国建筑工业出版社，2005.

［167］戈特弗里德・森佩尔.建筑四要素［M］.罗德胤，赵雯雯，包志禹，译.北京：中国建筑工业出版社，2010.

［168］海野弘.装饰与人类文化［M］.陈进海，译.济南：山东美术出版社，1990.

［169］让・鲍德里亚.物体系［M］.林志明，译.上海：上海人民出版社，2001.

［170］丁沃沃，胡恒.建筑文化研究［M］.北京：中央编译出版社，2009.

［171］PEDRESCHI R F. The structural behavior and design of freestanding barrel vaults of Eladio Dieste［C］. Congress on Construction History，Cambridge，2006.

［172］余中奇，钱锋.以形驭力埃拉迪奥．迭斯特的结构与建筑［J］.时代建筑，2013，（5）：68.

［173］PEREZ-GARCIA A. Natural structures：strategies for geometric and morphological optimization［C］. proceedings of the Proceedings of the International Association for Shell and Spatial Structures，2009.

［174］葛洋康，李旭，岳文灿.罗伯特・勒・里科莱空间结构模型中的创新方法和悖论思想［J］.建筑师，2021，（3）：113-119.

［175］威廉・沃林格.抽象与移情：对艺术风格的心理学研究［M］.王才勇，译.北京：金城出版社，2010.

［176］CRUZ P J d S. Structures and Architecture：New concepts，applications and challenges［M］. London：CRC Press，2013.

［177］菲利普・布洛克，汤姆・范・弥勒，马赛厄斯・瑞普曼，等.探索形与力：数字时代的图解静力学［J］.建筑学报，2017，（11）：14.

［178］程南溪，戴航.基于技术逻辑的结构形态生成研究——以树形结构为例［J］.江苏建筑，2021，（2）：31.

［179］FORÉS J J F. The tectonic structures of Sverre Fehn［C］. Proceedings of the Structures and Architecture，2019.

［180］GHELICHI P. Beyond the preconceived role of load bearing components：Structure as Space——Case study：Nordic Pavilion of Venice［C］. Proceedings of the JASS Symposium，2018

［181］SANAA. El Croquis［J］. El Croquis，2011，155.

［182］深圳国际交流学院，广东，中国［J］.世界建筑，2022，（3）：50.

［183］陈昌曙.技术哲学引论［M］.北京：科学出版社，2012，7-8.

［184］PACEY A. Technology in world civilization：a thousand-year history［M］. Cambridge，Mass.：Cambridge，Mass.：MIT Press，1990.

［185］孙晓玲.深圳精神与中国特色社会主义城市文化自觉［J］.特区经济，2020，（9）：14.

［186］周红玫.从策动到行动——"福田新校园行动计划"机制创新的回溯与反思［J］.建筑学报，2021，（3）：1.

［187］李晓东.身份认同：自省的地域实践［J］.世界建筑，2018，（1）：27.

［188］约翰・杜威.杜威教育文集［M］.北京：人民教育出版社，2008.

［189］邓晓芒.西方哲学探赜（修订版）［M］.北京：中国言实出版社，2021.

［190］伊塔洛・卡尔维诺.看不见的城市［M］.张密，译.南京：译林出版社，2019.

［191］吴恩融.高密度城市设计：实现社会与环境的可持续发展［M］.北京：中国建筑工业出版社，2014.